物理と化学で
読み解く
色彩の起源

色と光の科学

講談社

はじめに

光は宇宙全体に行きわたり，その光で宇宙全体の姿を知ることができる．光はいったい，いつ頃から宇宙全体に行きわたったのであろうか．

私たちの宇宙は膨張し続けており，これを逆算すると，宇宙は今から約138億年前に誕生したと推定される．そして膨張によって宇宙全体が冷却されて約4,000 Kになった36万年後の頃，電子と原子核が互いに結合して中性の原子が形成されるようになった．すると，原子の大きさより波長の長い光は直進することができるようになって宇宙全体が晴れ上がり，宇宙全体に光が満ちるようになったのである．

ところで私たちの地球は，隕石の分析から約46億年前に誕生したと推定されているが，誕生から約10億年過ぎた頃には早くも微生物が誕生し，やがてこの中から走光性細菌など光受容性タンパク質をもつ微生物が現れた．この光受容性タンパク質は，私たちの視細胞に含まれる光応答性タンパク質であるロドプシンの原型であった．

人間の五感（視覚，聴覚，嗅覚，味覚，触覚）のなかでも，視覚から入る情報はとりわけ多い．花や果物の色，空や海の色，虹の色，人間の顔色などの違いが視細胞を通して脳で画像処理され，感覚と感性を豊かにしている．これら自然の色と並んで，人工的に開発された色もさまざまなものがあり，人間社会を豊かなものにしてきた．現代では，さまざまなデジタル情報がカラーの画像として可視化され，印刷，テレビやアニメ映画，スマートフォンの画面を豊かなものにしている．また，最近の身の回りでは，例えばコロナウイルスの抗原検査キットのマーカー線が鮮明な褐色の色となって可視化されている．

また，現代における色の発現の中で，最も重要なものにレーザー光線がある．ブルーレイディスクを含めたコンパクトディスク（CD）には，記録から読み出しまでレーザーが用いられている．また，光ネットワーク通信や光電話にもレーザーが使われている．さらに身近なところでは，携帯用のレーザー距離計が天井までの高さや部屋の大きさを測ったりするのに使われている．また，鉄板やアクリル板を切り抜くなどレーザー加工機が使われるようになってから久しいが，最近は短パルス光を使うことで切れ味の良い加工装置が開発されている．レーザーは手術や脱毛法にも使われているが，これらは多くは目に見えない赤外光である．本書ではこれら肉眼で見えない光も対象としている．

K. ナッソーの名著 “The Physics and Chemistry of Color（色の物理と化学）” によると，物質の色の起源は 15 種類に分類されているが，本書はナッソーの著書を参考にしつつ，より広く光の吸収や回折による発色のしくみ，発光のしくみと発光材料の設計，さまざまなレーザーの原理とその材料，光のさまざまな応用について解説する．

第 1 章では，まず光の基本的性質を紹介した後，眼の構造と視細胞に含まれる膜タンパク質ロドプシンの光応答性とその刺激が視神経に伝わる仕組みを紹介し，第 2 章では，身の回りの色彩として，代表的な顔料（絵具・塗料）や染料（織物の染付材料），カラー写真のしくみについて，その原理と発見の歴史，代表的な作品を紹介する．第 3 章～第 9 章では，物質の色の起源について，黒体放射による発色，光の回折や散乱による色の起源，オーロラなど高いエネルギーを持った原子による発光の起源，有機化合物および無機化合物の色の起源，半導体や金属の光沢の起源，狭い空間に閉じ込められた電子による発色の原理などについて紹介し，第 10 章では外場で色が変わる現象（クロミズム）を紹介する．第 11 章ではさまざまな発光する物質の原理とその制御について紹介し，第 12 章ではさまざまなレーザーとその応用について紹介し，第 13 章では見えない光と見える光を変換する原理など，光の波長変換について紹介する．なお，各章では，自然界や身の回りで起こるさまざまな現象や最先端のトピックスをコラムとして取り上げている．本書で取り上げた現象とその理解が読者の知的好奇心を刺激し，将来にわたって本書を活用して頂ければ幸いである．

本書のために，多くの美しい写真を撮影して頂いた須田順子博士（電気通信大学研究員）および蛍光体，照明関係の最新の情報を提供して頂いた奥野剛史教授（電気通信大学）に感謝申し上げる．

本書の企画に賛同し，編集から出版に至るまでご尽力頂いた講談社サイエンティフィク社の大塚記央氏に心より感謝の意を表する．

2023 年 10 月

小島憲道，末元徹

色と光の科学 ── 物理と化学で読み解く色彩の起源

目次

第 1 章

光とはなにか？なぜ色が見えるのか？

私たちの宇宙は，いまから約 138 億年前に誕生したと考えられている．宇宙が誕生したのち，膨張によって十分に冷えて原子核の合成が起こらなくなると，宇宙における全原子核の 91% が水素原子核，8% がヘリウム原子核となった．宇宙誕生から約 36 万年後，宇宙はさらに冷えて約 4,000 K になり，大きな変化が起こる．

それまで，電子と原子核はバラバラに存在し（プラズマ状態），電磁波は電子に散乱されて直進できなかったが，宇宙の温度が 4,000 K になって電子と原子核が結合して中性の原子が形成されるようになると，原子の大きさより波長の長い光は直進できるようになった．こうして宇宙に光が出現し，宇宙全体が晴れ上がった[1)]．これを宇宙の晴れ上がりという．

太陽系は，隕石の年代測定から，約 46 億年前に誕生したと推定されているが，早くも約 38～35 億年前には地球に微生物が誕生した[2)]．やがてこの中から走光性細菌など，光受容性タンパク質をもつ微生物が現れるが，この光受容性タンパク質こそが，動物の視細胞の中に含まれる光応答性タンパク質であるロドプシンのルーツである．その後，古生代前期のカンブリア紀に高度な機能を有する眼をもつ動物が誕生し，動物の進化に伴って色を識別する視細胞（錐体細胞）が発達していった．

第 1 章では光の性質を述べた後，眼の構造と，視細胞に含まれる膜タンパク質であるロドプシンの光応答，そして，その刺激が視神経に伝わるしくみを紹介する．

1.1 光の不思議な性質

人間に見える光は，個人差はあるが，波長が約 400～750 nm の電磁波であり，可視光とよばれている．図 1.1 は電磁波の波長と振動数を横軸にしたものであり，長波長から順にラジオ波，マイクロ波，遠赤外線，赤外線，可視光線，紫外線，X 線，ガンマ線と名前がついている．

1.1.1 光速より速い粒子がある？

マクスウェルは 1864 年に有名な 4 つの電磁方程式（マクスウェル方程式）をまとめ，その式から電磁波の伝搬速度 (v) が誘電率 (ε) と透磁率 (μ) を用いて，$v=1/\sqrt{\varepsilon\mu}$ という式で関係づけられること，電磁波の速度は波長によらず同じ速さであること，電場と磁場が互いに直角に振動しながら進む波であることを明らかにした．

1868 年，マクスウェルはこの式に真空中の誘電率と透磁率を代入して，電磁波が伝搬する速さを 2.78×10^8 m/s と見積もった．この値は，それまでに計測されていた光の速度 (2.98298×10^8 m/s) に近い値であり，マクスウェルは，電磁波は光と同一のものであると結論した．現在，光の速度として用いられている真空での値は，$c=2.99792458\times10^8$ m/s である．

物質の中では，光の速度は屈折率 (n) に反比例し，c/n となる．例えば水

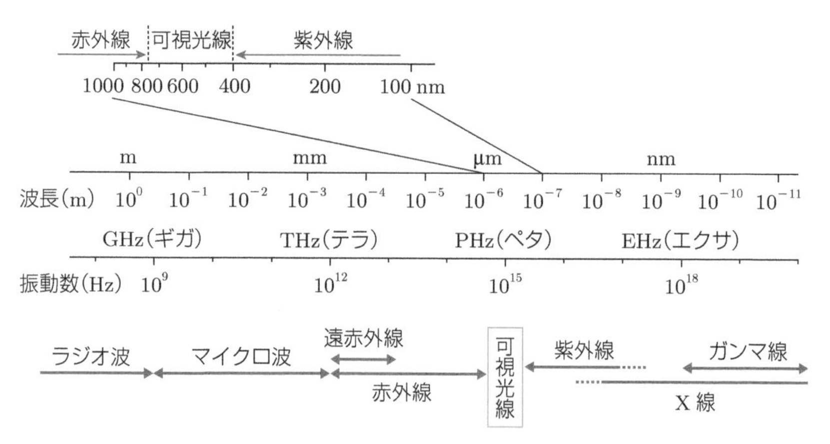

図 1.1　電磁波の波長および振動数による分類とその名称．

の屈折率は 1.33 なので水中での光の速度は真空中の光の速度の 3/4 倍になる．屈折率が 2.42 のダイヤモンドでは，光の速度は真空中の光の速度の 41% まで遅くなってしまう．

真空の場合とは異なり，物質の中では，粒子が光の速度より速く進むことがある．荷電粒子の速度が光速度より速い場合，チェレンコフ光とよばれる青白い光を放射する．この現象は，音速を超える飛行体から発生する衝撃音によく似ている．原子力施設の核燃料が入った水のプールで観測される青白い光は，チェレンコフ光である．

神岡鉱山の坑道跡地に設置されている東京大学のスーパーカミオカンデは，大量の水を貯留している．この施設では，地球に降り注ぐニュートリノと衝突した電子の速度が，水中の光速度を超えたときに放射されるチェレンコフ光を測定している．このニュートリノの研究で，小柴昌俊博士が 2002 年，梶田隆章博士が 2015 年にノーベル物理学賞を受賞している．ニュートリノは不思議な素粒子である．物質と相互作用がないため，物質中でも真空中の光速度で透過するという性質をもつ．

コラム 1.1　光速を測ろうとした人々

光速度の計測の歴史は古く，17 世紀まで遡ることができる．ここでは，17 世紀から 20 世紀にわたる科学者たちの功績を紹介する[3]．

1676 年，デンマークのレーマーは，木星の衛星イオが木星の陰に隠れてから次に隠れるまでの時間（食から食までの時間）が，季節によって変動することを発見し，それは光の速度が有限であることが原因であることを示した．そして，光の速度を 2.143×10^8 m/s と見積もった．その後，英国のブラッドレーは，地球の軌道の両端での恒星の方向の差（視差）を用いて恒星までの距離を計算する過程で，光の速度を 2.98×10^8 m/s とした．

これらは天体観測から得たものであったが，最初に地上で光の速度を計測したのは，フランスのフィゾーであった．彼は 1849 年，回転する歯車を用いて，8.6 km 離れた所にある鏡から反射された光の明暗から，光の速度（c）を 3.15×10^8 m/s と導き出した．その後，フランスのフーコーは 1862 年，回転する鏡に光を当て，光が遠くに設置した鏡から反射して戻ってきたときの回転鏡の角度のずれから光の速度を調べ，$c=2.98\times10^8$ m/s の値を得ている．

1926 年には，米国のマイケルソンがフーコーの計測法を改良して，天文台から 35 km 離れた山に設置した鏡の間に光を往復させ，$c=2.99796\pm4\times10^8$ m/s の値を得た．この値は，現在の真空での光速度 $c=2.99792458\times10^8$ m/s と極めて近い値である．また，彼は，パリの国際度量衡局に保管されている「メートル原器」の代わりに，光速度を長さの基準にすることを提案し，1983 年の国際度量衡総会で，1 メートルは「光が真空中を 1/299792458 秒の時間に進む長さ」と定義された．

さらに，マイケルソン干渉計とよばれる計測装置を発明し，地球の公転速度が光速度に与える効果を調べている．地球は太陽の周りを $v=30$ km/s で公転しているので，公転の向きに発出された光の速度は $c+v$，逆向きの光は $c-v$ になると考えられた．しかし，精密な計測を行っても，光速度の変化を見出すことができなかった．この実験事実は，アインシュタインの光速度不変の相対性理論へと受け継がれていった．マイケルソンは，「干渉計の考案とその応用およびメートル原器に関する研究」で 1907 年にノーベル物理学賞を受賞した．

1.1.2　3D 眼鏡のしくみ — 偏光

電磁波は電場と磁場が互いに直角に振動しながら進む波である．図 1.2 に電磁波の概略図を示す．

湖面や海面に光が反射して眩しいとき，偏光サングラスをかけると眩しさが抑えられる．また，湖面に浮かぶ水鳥や水中の魚の写真を撮るとき，カメラに偏光フィルターを付けると反射光がカットされて，鮮やかな写真を撮ることができる．このしくみを考えてみよう．

光が物質の界面で反射するとき，反射光の電場の振動方向が，入射光と反射光が作る平面に対して平行な偏光を p 偏光とよび，垂直な偏光を s 偏光とよぶ．その模式図を図 1.3 に示す．偏光とは，光をなす電磁場の振動方向が偏った光のことである．

p 偏光と s 偏光の反射率の比は物質の屈折率に依存し，s 偏光の反射率のほうが高い．s 偏光の反射光を効率よくカットするには，反射光の電場ベク

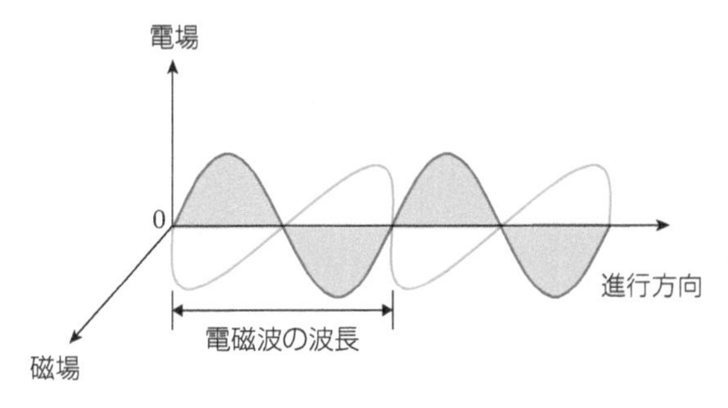

図 1.2　伝搬する電磁波の模式図.

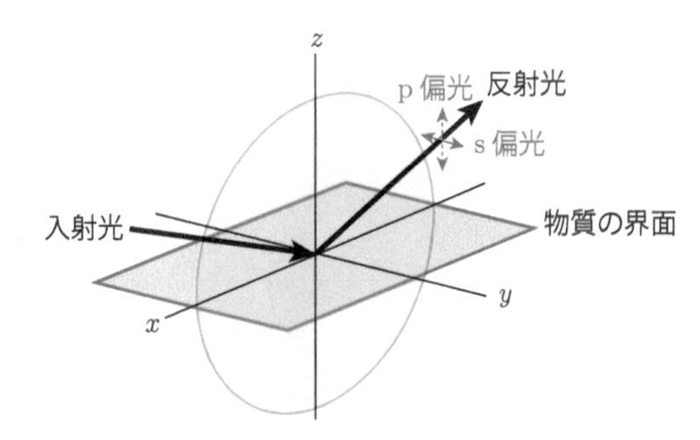

図 1.3　物質の界面における入射光と反射光が作る平面と p 偏光および s 偏光の関係. p 偏光の p と s 偏光の s はドイツ語の parallel（平行）と senkrecht（垂直）の頭文字に由来する.

トルが水平な偏光をカットする偏光板を用いればよい.

偏光板は，例えばポリビニルアルコール（PVA）のフィルムにヨウ素を浸み込ませた後，PVA フィルムを引き延ばすことにより，作製できる.

ショーウィンドウの中の展示物がガラスに反射された光で見えにくいときは，s 偏光をカットする偏光サングラスを用いると，反射光が大幅にカットされ，展示物がはっきりと見えるようになる.

図 1.4 は，光が水面で反射されたときの，p 偏光と s 偏光の反射率の入射角依存性を示したものである．水面で反射する光の場合，入射角が約 50° のとき，p 偏光の強度が極小となる．界面での p 偏光の強度が極小となる入射角をブリュースター角という．この角度から反射される光の s 偏光をカットする偏光板を通せば，反射光は最大限カットされる.

さて，物質の中には 2 種類（3 種類の場合もある）の屈折率をもつものがあり，このような物質に光を通すと複数の屈折光が現れる．これを複屈折と

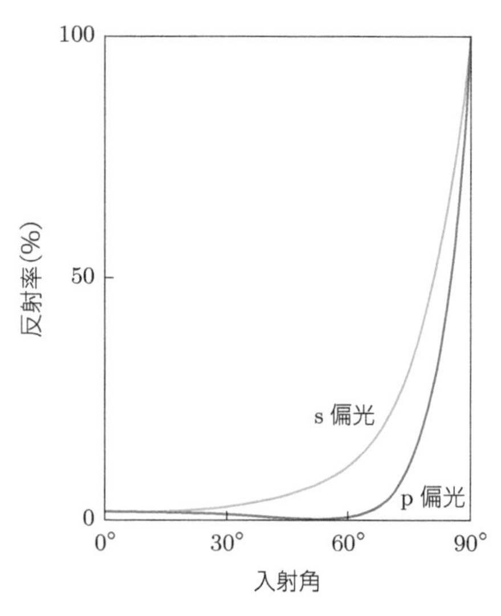

図 1.4　水の界面における p 偏光および s 偏光の反射率と光の入射角の相関関係.

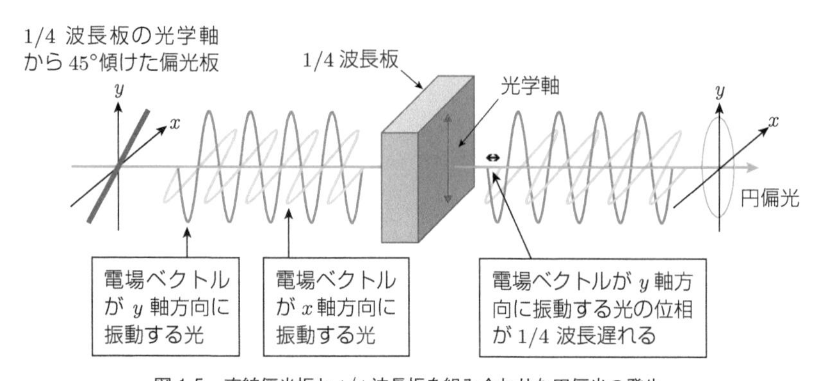

図 1.5　直線偏光板と 1/4 波長板を組み合わせた円偏光の発生.

いい，方解石や水晶がよく知られている.

ここでは，直交する軸方向の屈折率が異なる物質について考えてみよう．例えば，高分子の鎖が揃った膜に垂直に光が入ると，高分子鎖方向の屈折率と鎖に垂直方向の屈折率が異なるため，膜内部では，光の電場の方向によって速度も異なってくる．膜を透過した（鎖方向と垂直方向の）光の波の位相の差が波長の 1/4 になるように膜の厚さを調節したものを 1/4 波長板という．1/4 波長板の前に高分子鎖の軸から 45° 傾けた直線偏光板を貼り合わせると円偏光板ができる.

直線偏光板と 1/4 波長板を組み合わせた円偏光の発生のしくみを図 1.5 に示す．1/4 波長板を通過した光の x 軸方向の電場ベクトルと y 軸方向の電場ベクトルを合成した電場ベクトルは光の伝播に伴ってらせん状に回転する．これが円偏光である．

円偏光にはさまざまな用途があるが，ここでは 3D で映画を見るしくみを紹介する．

まず，映画を撮影するとき，右眼の位置と左眼の位置に置いたカメラで録画する．映画館ではこの両方の映像をそれぞれ右回りと左回りの円偏光フィルターを通してスクリーンに投影する．このとき，客は，眼鏡の右レンズに右回りの円偏光フィルム，左レンズに左円偏光フィルムを貼った眼鏡をつけると 3D の映像を見ることができる（つまり，偏光眼鏡で片一方の映像をカットしている）．第一世代の 3D 映像では，2 つの映像をそれぞれ青色と赤色のフィルターを通してスクリーンに投影し，これを青色フィルターと赤色フィルターを貼った眼鏡で見るしくみだったため，自然色で見るものではなかった．赤と青の 3D 眼鏡を知っている方も多いだろう．

偏光の発見は 19 世紀の初頭であり，光が電磁波であることが判明する約 60 年前に遡る．1808 年，フランスのマリュスは，方解石を透過した光が方解石の方向によって決められる単一の偏光面をもつ直線偏光になることを発見した．彼はまた直線偏光を水晶に透過させると，直線偏光の偏光面が回転すること，水晶の結晶形の違いによって，右回りに回転する結晶と左回りに回転する結晶があることを明らかにした．さらに 1815 年，フランスのビオーは，天然の有機化合物の中にも溶液中で偏光面が右回りまたは左回りに回転するものがあることを発見し，回転方向は分子固有のものであることを結論づけた[4)]．

偏光面が回転することを旋光性といい，旋光性をもつ物質は光学活性であるという．透過光に向かって観測したとき，透過光の偏光面が右回り（時計回り）に回転する物質を右旋性の物質といい，（+）の符号をつけて表す．一方，左回り（反時計回り）に回転する物質を左旋性の物質といい，（−）の符号をつけて表す．偏光面の回転角は光の波長に依存し，また物質の濃度と厚さに比例する．このことを利用して，果糖やショ糖などの糖度を測定することができる．

コラム 1.2

パスツールとワイン

1848 年，フランスのパスツールは，ワインの澱(おり)からとった溶液に偏光を入射すると偏光面が時計回りに回転するのに対し（光学活性），この溶液の成分と同じ分子を人工的に合成した溶液では，この偏光面の回転が起こらないこと（光学不活性）を発見した[4)].

そこで，人工的に合成された酒石酸塩（酒石酸ナトリウムアンモニウム）の小さな結晶を調べると，結晶には非対称な 2 種類の形があり，それらが鏡像の関係になっていた．それらの結晶をよりわけて，溶液の偏光面の回転を調べた結果，一方の結晶の水溶液では偏光面が時計回りに回転するのに対し，他方の結晶の水溶液では反時計回りに回転した．そして，この 2 種類を等量混合した水溶液は，偏光に対してなんの効果も及ぼさなかった．さらに，等量混合したものに微生物を混入すると，偏光面は片側のみになった（微生物が片方を分解したと考えられる）.

これらのことからパスツールは，酒石酸の分子は非対称な形をしており，互いに鏡像の関係にある 2 種類の分子が存在すること，天然物であるワインから取れたものとは異なり，人工的に合成したものでは互いに鏡像の関係にある 2 種類の酒石酸の塩が等量含まれていることを明らかにした.

1874 年，オランダのファント・ホッフとフランスのル・ベルはそれぞれ独立に炭素の四面体説を考え，炭素原子に結合した 4 個の原子や分子がすべて異なる場合に鏡像異性体が存在すること，これが光学活性の原因であることを初めて提唱した[5)]．こうしてパスツールによって道が拓かれた光学活性の謎が解明されていった．図 1.6 は互いに鏡像の関係にある 2 種類の酒石酸の構造である.

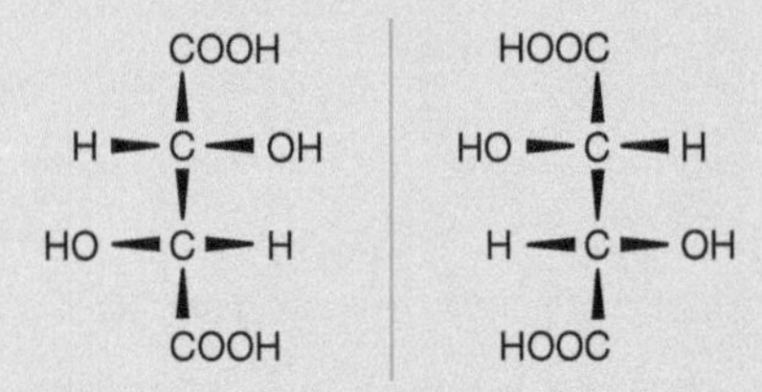

図 1.6　互いに鏡像の関係にある 2 種類の酒石酸の構造．左側の酒石酸は左旋性を示すが右側の酒石酸は右旋性を示す．矢印の先端にある原子や分子は平面より奥側にあることを表している.

コラム 1.3

偏光で虹色を作る

2 枚の直線偏光板を 90 度に重ねると真っ黒に見えるが，偏光板の間に折りたたんだ透明なセロファンを挟むと光が通るようになり，時として鮮やかな色が現れる．

これはセロファンの製造過程において，巻き取り方向に分子が配向するために生じる複屈折に起因する．巻き取り方向，それに垂直な方向，厚みの方向の 3 軸ですべて屈折率が異なる．

図 1.7 (a) に，偏光が直交する 2 枚の偏光板で挟んだセロファンの画像を示す．偏光板と被写体の配置は図 1.7 (c) に示すとおりである．セロファンを何枚も重ねていくと，さまざまな色が現れるのがわかる．1 枚目の偏光板を透過した光の x 方向と y 方向の偏光成分は，それぞれ屈折率の違いを反映して異なる速度で伝わるので，偏光面が回転していくが，その回転角は光の波長によって異なる．したがって，2 枚目の偏光板で +45 度方向の成分が切り出されたときに出てくる光の電場の振幅は，波長によって異なるのである．これが発色の原因である．

図 1.7 (b) は，セロファンを円筒状に巻いたものを偏光板の間に置いて撮影している．湾曲した部分で色が連続的に変化していく様子がわかる．これは，光が斜めに透過すると，p 偏光の光が厚み方向の屈折率を反映することと，実効的な距離が延びることによって偏光の回り方が変化することに起因している．ちなみにセロファンの帯を 90 度回して 1 枚追加すると，偏光の回転角は引き算になり，枚数が 1 枚減ったような色になる（図 1.7 (a)）．以上は，光学的異方性に起因する発色である．

被写体としてショ糖の水溶液を置くと，水溶液の厚みと偏光板の角度に応じて美しい色が観測できる．水溶液には当然のことながら異方性は存在せず，偏光面の回転は，光学活性な分子に起因しており，光の波長に依存した旋光性によって引き起こされるものである．

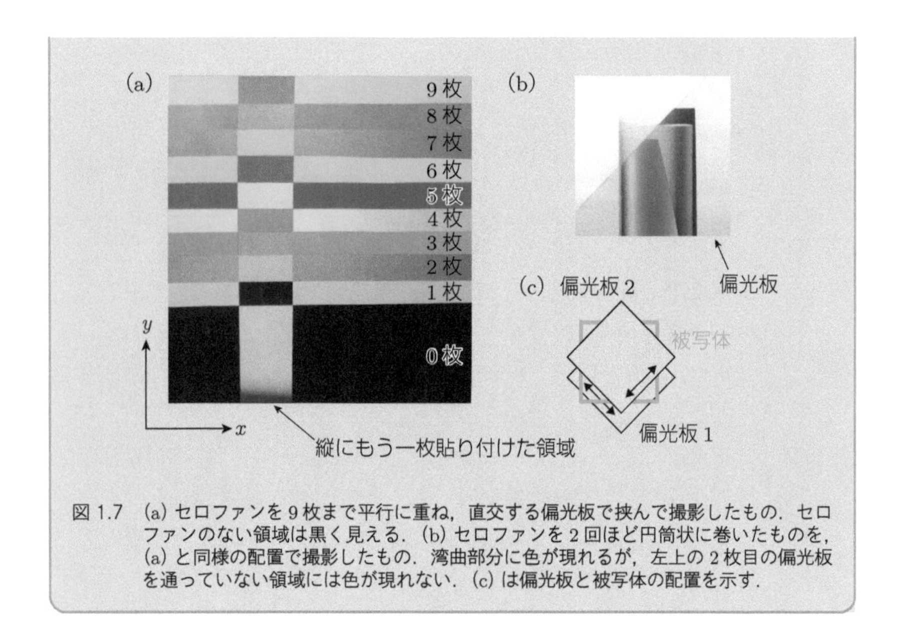

図 1.7　(a) セロファンを 9 枚まで平行に重ね，直交する偏光板で挟んで撮影したもの．セロファンのない領域は黒く見える．(b) セロファンを 2 回ほど円筒状に巻いたものを，(a) と同様の配置で撮影したもの．湾曲部分に色が現れるが，左上の 2 枚目の偏光板を通っていない領域には色が現れない．(c) は偏光板と被写体の配置を示す．

物質に光が入ったとき，その偏光面が回転するもう 1 つの現象にファラデー効果というものがある．

1845 年，英国のファラデーは，さまざまな物質に光を入射してみたところ，光の進行方向に平行に磁場をかけると偏光面が回転することを発見した[6)]．この現象がファラデー効果である．ファラデー効果の回転角は物質の長さと磁場の強さに比例し，磁場の向きが逆転するとファラデー効果の回転角は逆向きになる．ファラデー効果の回転角のこのような現象は，光学活性と全く異なった現象である．

旋光性を示す光学活性物質では，反射して戻ってきた光の偏光面は入射した光の偏光面と同じになる．ところが，ファラデー効果の場合，反射して戻ってきた光に対しては，磁場の向きが逆転しているので回転の向きが逆回転になる．

この現象を応用したのが光アイソレーターである．ファラデー回転角を 45° に調節した物質では，戻り光が透過すると戻り光の偏光面の回転角が光源に対して 90° となり，光源の前に取り付けた直線偏光板によって遮断（アイソレート）される．光通信では，通信情報の妨げになる戻り光を遮断する光アイソレーターが用いられている．

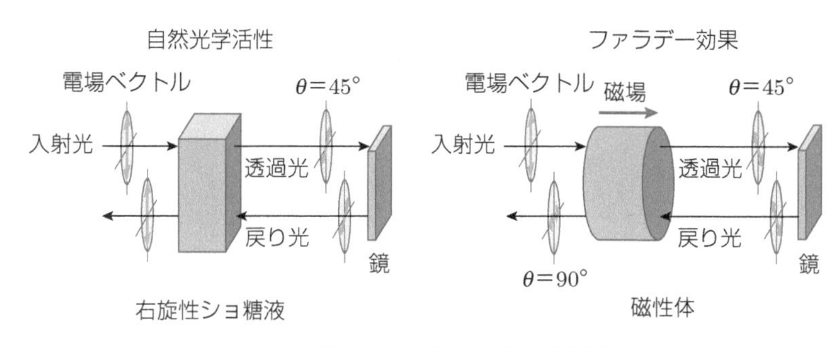

図 1.8　自然光学活性およびファラデー効果の模式図.

図 1.8 に自然光学活性とファラデー効果による直線偏光の偏光面の回転の模式図を示す.

ファラデー効果は物質に光を入射したとき，光の進行方向に平行に磁場をかけると偏光面が回転する現象であるが，磁石の表面に偏光した光を入射すると反射光の偏光面が回転する現象を磁気カー効果という．磁気カー効果の回転角の向きは磁石の向きが反転すると逆転するので，磁気メモリの読み出しに用いられている.

1.2　眼はどうやって色を見ているのか？

1.2.1　光を見る細胞と色を見る細胞

分子の中には，光を照射することにより別の構造に変化するものがあり，この現象を光異性化という．ここでは，網膜の視細胞で起こる光異性化現象と，これにより画像情報が網膜から視神経に伝わるしくみを紹介しながら，眼がどうやってものを見ているのかを見ていこう.

多くの魚類, 爬虫類, 鳥類では感度の高い桿体(かんたい)細胞（桿体とは棒状の意）と，色を識別する 4 種類の錐体細胞（赤色光，緑色光，青色光および紫外光に応答する錐体細胞）をもっている．一般に哺乳類では桿体細胞が発達し，錐体細胞は 2 色型（赤色領域 (R)，青色領域 (B)）である[7]．ちなみに，夜行性の動物に照明を当てると眼が光るのは，網膜の外側に光を反射するタペタムとよばれる膜が備わっているからである．網膜の視細胞に吸収されずに透過した光は，タペタムで反射されてもう一度視細胞に戻る．このようにして，暗闇でも効率よく光を検知している.

一方，多くの霊長類は 3 色型の錐体細胞をもっているが，これは赤色光に応答する錐体細胞（R）が変異して，緑色光に応答する錐体細胞（G）を獲得し，3 色型になったと考えられている[7]．赤色光に応答する錐体細胞と，緑色光に応答する錐体細胞の感度曲線が近接していることが，このことを裏付けている．図 1.9 はヒトの眼の断面図および網膜の断面図であり，図 1.10 はヒトの桿体細胞および 3 種類の錐体細胞の感度曲線である[8]．

ヒトの錐体細胞の数は，R＞G＞B の順であることがわかっているが[9]，その割合は個人に依存する．R が欠落している場合は 1 型 2 色覚とよび，G が欠落している場合は 2 型 2 色覚という．全種類の錐体細胞があるものの R の分布が非常に少ない場合は 1 型 3 色覚，G の分布が非常に少ない場合は 2 型 3 色覚という．色覚異常は英語で Daltonism というが，これは英国の偉大な化学者ドルトンが自身の色覚異常に気づき，色覚異常に関する論文を発表したことによる[10]．なお，ドルトンの遺言により彼の眼の網膜は保存され，後に G が欠落している 2 型 2 色覚であることがわかっている．

ヒトの片眼の網膜には，約 1 億 2 千万個の桿体細胞と約 600 万個の錐体細胞があるが，その数の分布を図 1.11 に示す[9]．横軸の原点は中心窩（か）であり，錐体細胞はこの中心窩に密集しているのがわかる．明るい所では錐体細胞が視覚の主役を担っており，解像度が非常に高い．逆に暗い所では桿体細胞が

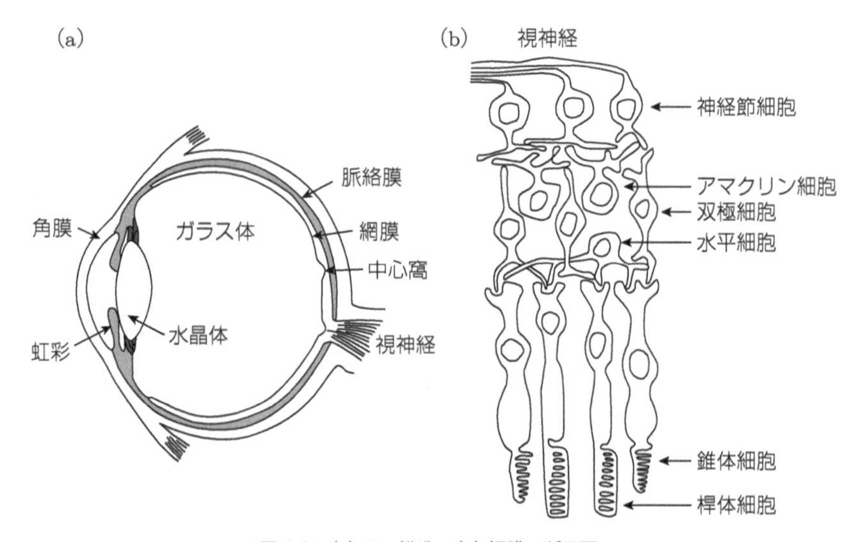

図 1.9 (a) 眼の構造，(b) 網膜の断面図．

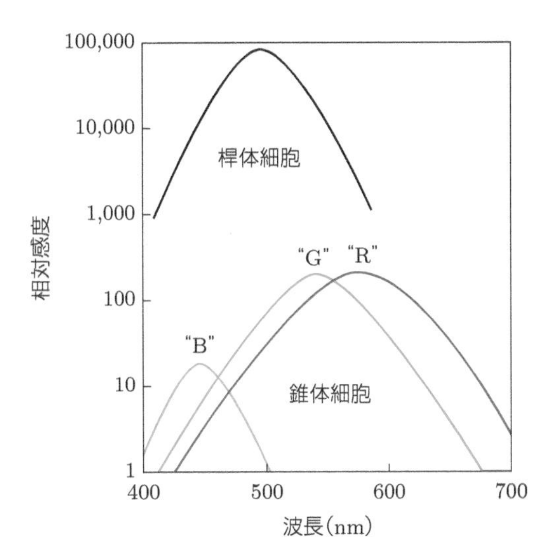

図 1.10　ヒトの桿体細胞および錐体細胞における感度曲線．桿体細胞では 498 nm に感度の極大がある．錐体細胞には 3 種類の細胞があり，420 nm, 534 nm, 564 nm に感度の極大をもつ細胞はそれぞれ青色（B），緑色（G），赤色（R）の光に反応する（The Physics and Chemistry of Color, K. Nassau,（John Wiley & Sons, 1983）, p.15）．

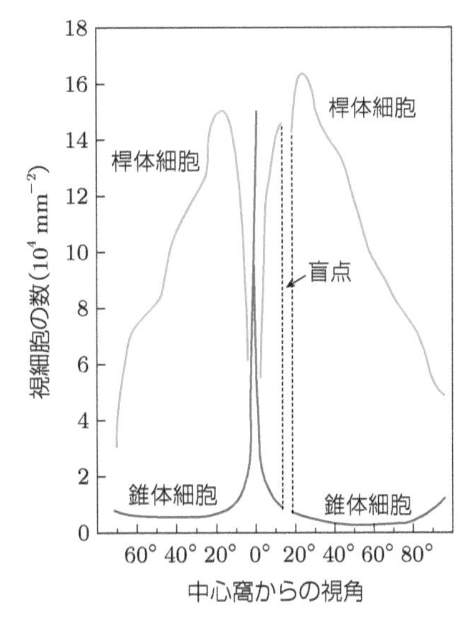

図 1.11　ヒトの網膜における桿体細胞と錐体細胞の分布．横軸は中心窩からの視角（『標準生理学 第 4 版』本郷利憲・廣重力・豊田順一・熊田衛（編）（医学書院，1996），p.255）．

主役を担うため色が識別できなくなり，解像度は明るい所に比べて低くなる．

このような中心窩の構造は，他の哺乳類には見られない霊長類の特徴である．私たちは物を見るとき，この中心窩で物を凝視していることになる．中心窩から約 15 度離れた場所には視神経が集まった所があり，視細胞の情報がここから脳に伝達される．この部分には視細胞がなく，ここが盲点である．盲点から数度離れた所に桿体細胞の感度の極大点があり，暗闇で最もよく見える部分である．北半球では，冬の夜空にオリオン座やおうし座が現れるが，おうし座を挟んでオリオン座の反対側には，3～4 等星の星が集まったプレアデス星団（スバル）がある．プレアデス星団を眺めるとき，眼の焦点から少し外して眺めるとよく見えるが，これは桿体細胞の最大感度の網膜部分で眺めているためである．

1.2.2　光を見るしくみ

ここで，網膜の桿体細胞で光に応答し，その変化が視神経に伝わるしくみを考えてみよう．

桿体細胞は，光に応答する膜タンパクであるロドプシンをもっている．膜タンパクとは，生体膜（ここでは網膜）に存在するタンパク質のことである．

ロドプシンには，光に反応して分子の構造が変化（光異性化）するビタミン A の誘導物質である，11-*cis*-レチナールとよばれる分子が内包されている．この分子は，視細胞にある膜タンパクのオプシンと結合した状態で 450～550 nm の可視領域の光を吸収して分子の形が変化し，直線状に伸びた全 *trans*-レチナールに変化する．これが視細胞で光に応答する最初の反応である．

ニンジンなどの野菜に含まれている β-カロテンは，人体の中で，酵素の働きで 2 分子のレチノール（ビタミン A）に分割される．さらに，酵素の働きにより，アルコールであるレチノールからアルデヒド型のレチナールに変わる．このレチナールは，直線状に伸びた全 *trans*-レチナールであるが，酵素の働きで折りたたまれた 11-*cis*-レチナールに変化した後，視細胞にある膜タンパクのオプシンに取り込まれて，ロドプシンになる．β-カロテンから 11-*cis*-レチナールまでの反応を図 1.12 に示す．β-カロテンがいかに眼に重要な栄養素であるかがわかるであろう．

膜タンパクのオプシンと，11-*cis*-レチナールが結合したタンパク質をロ

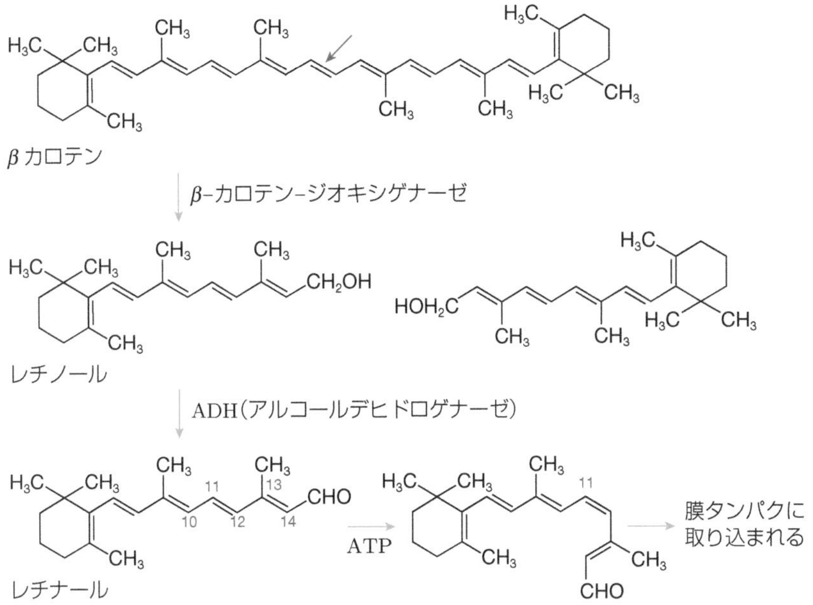

H_3C CH_3 CH_3 CH_3 H_3C CH_3 CH_3 CH_3 H_3C CH_3

βカロテン

β-カロテン-ジオキシゲナーゼ

H_3C CH_3 CH_3 CH_3 CH_2OH CH_3 H_3C HOH_2C CH_3 CH_3 H_3C CH_3

レチノール

ADH(アルコールデヒドロゲナーゼ)

H_3C CH_3 CH_3 CH_3 11 13 CHO 10 12 14 CH_3 ATP H_3C CH_3 CH_3 11 CH_3 CH_3 CHO 膜タンパクに取り込まれる

レチナール

図 1.12　β-カロテンから 11-*cis*-レチナールまでの反応過程.

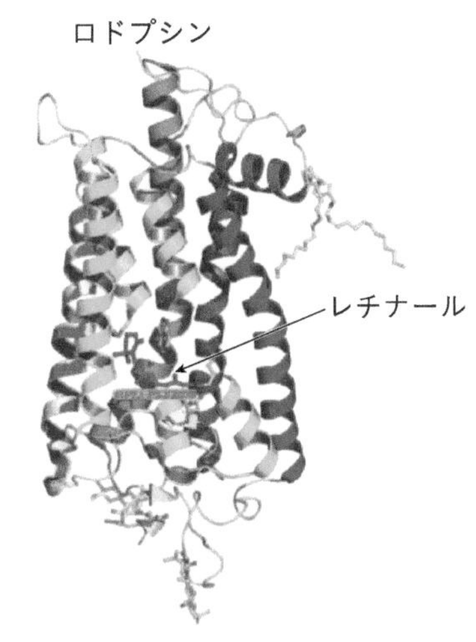

図 1.13　桿体細胞にあるオプシンと 11-*cis*-レチナールの複合タンパク質（ロドプシン）の構造の概略図.

ドプシンとよび，錐体細胞ではフォトプシンという．図 1.13 は桿体細胞にあるオプシンと 11-*cis*-レチナールの複合タンパク質（ロドプシン）の構造

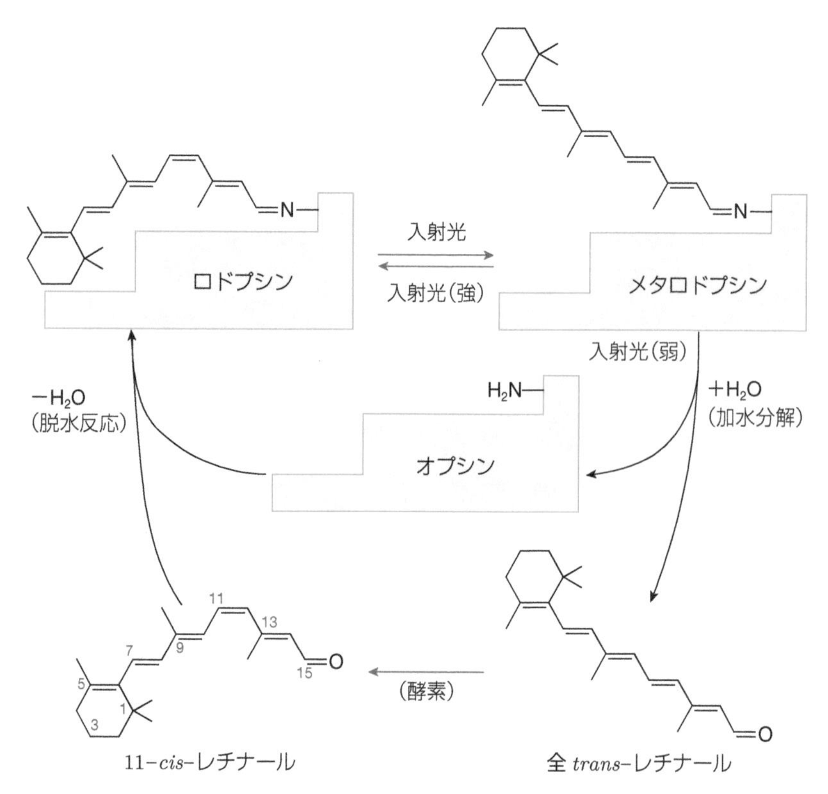

図 1.14　桿体細胞にあるオプシンと 11-*cis*-レチナールの複合タンパク質（ロドプシン）の光による構造変化の模式図（The Physics and Chemistry of Color, K. Nassau,（John Wiley & Sons, 1983）, p. 344).

の概略図であり，図 1.14 は，桿体細胞にあるオプシンと 11-*cis*-レチナールの複合タンパク質（ロドプシン）の光による構造変化の模式図である[11]．

さて，網膜に光が入ると，ロドプシンの中にある 11-*cis*-レチナールは光異性化を起こして全 *trans*-レチナールに変化し，ジグザグ状に伸びた長い分子になる．この状態をメタロドプシンという．明るい光の中ではすぐにロドプシンに戻るが，弱い光の中では直線状に伸びた全 *trans*-レチナールは，オプシンが内包できなくなって遊離する．遊離した全 *trans*-レチナールは，酵素によって 11-*cis*-レチナールに再変換され，オプシンと再結合して元のロドプシンに戻る．暗闇で物が見えるようになるのに時間がかかるのは，このためである．

レチナールの光異性化反応は，膜タンパク質の形を変形させ，これが引き金となって細胞膜に電位差を引き起こし，この応答が視神経に伝達される．脳の中では，この信号が，対象物の色および明るさの視覚画像に変換されることになる．

コラム 1.4 メタノールを飲むとなぜ失明するのか？

外国では毎年のように，密造酒を飲んで失明したり死亡したりする事故が報告されている．これは不純物として混入したメタノール（CH_3OH）が原因である．

酒の主成分はエタノール（C_2H_5OH）であるが，エタノールを摂取すると，酵素 ADH（アルコールデヒドロゲナーゼ）の働きにより，アセトアルデヒド（CH_3CHO）に変わる．急性アルコール中毒や二日酔いは，アセトアルデヒドが原因である．やがてアセトアルデヒドは，酵素 ALDH（アルデヒドデヒドロゲナーゼ）の働きにより，酢酸（CH_3COOH）になってエネルギー源となる．

一方，メタノールは酵素 ADH の働きにより，毒性の強いホルムアルデヒド（HCHO）に変わり，さらに酵素 ALDH の働きにより毒性の強い蟻(ぎ)酸（HCOOH）に変化する．眼の網膜には，酵素 ADH が多く含まれているため，メタノールが毒性の強いホルムアルデヒドになって網膜を破壊し，失明してしまう．また，肝臓にも，酵素 ADH や ALDH が多量に存在するため，ホルムアルデヒドや蟻酸が肝臓を破壊し，死に至ることになる．

第2章

絵具と染料

物質の鮮やかな色は，古来から，絵具や衣服の染料として使用されてきた．その物質は無機物から有機物まで広範にわたる．また，絵具や染料ではないが，最近では，微細加工技術を使って，色素無使用のインクジェット技術が開発されたり，モルフォブルー等の塗料が開発されたりしている．また，繊維では，屈折率の異なる 2 種類の高分子を数十 nm 単位で重ね合わせることにより，光沢のある繊維が開発されている．第 2 章では，代表的な顔料（絵具）として，主に無機化合物や鉱物を紹介し，染料としては草木染めを中心に紹介する．また，有機色素によるカラー写真のしくみもあわせて紹介する．

2.1 色度図とはなにか?

第 1 章で述べたように，色を識別する錐体細胞は 3 種類あり，564 nm, 534 nm, 420 nm に感度の極大をもつ細胞が，それぞれ赤色 (R)，緑色 (G)，青色 (B) の光に反応する．この 3 種類の錐体細胞の感度曲線は互いに重なっており，これがさまざまな色を区別するしくみとなる．

自然界の光は複数の波長の光が混ざったものであり，単色光のように単純には色を決めることはできない．そこで，この 3 種類の錐体細胞がどれだけ反応しているかで色を決める方法が，色度図である．色は CIE（国際照明委員会）が規定していて，564 nm, 534 nm, 420 nm に極大をもつ錐体細胞の，ある光に対する感度を X, Y, Z とすると，次の x, y, z で定義される．

$$x = X/(X+Y+Z),\ y = Y/(X+Y+Z),\ z = Z/(X+Y+Z) \tag{2.1}$$

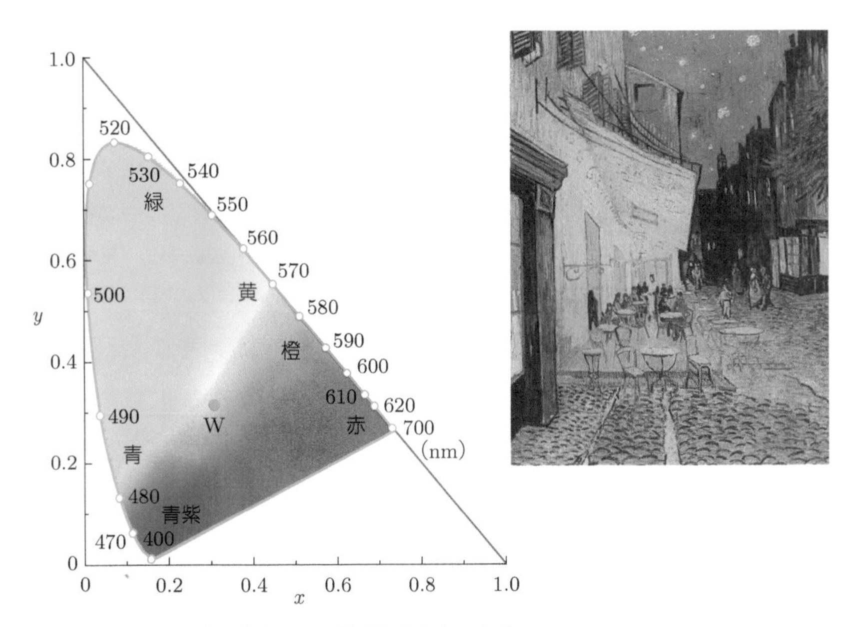

図 2.1　xy 色度図と光の波長．W の位置は白色を示す（K. J. Kelly, *J. Optical Soc. America*, **33**, 627 (1943) を元に作成）．ゴッホ「夜のカフェテラス」．

色度図は，横軸を x, 縦軸を y として図 2.1 のように表される．

例えば，波長が 700 nm の光では，$x = 0.73$, $y = 0.27$, $z = 0$ であり，波長が 480 nm の光では，$x = 0.09$, $y = 0.13$, $z = 0.78$ となる．このように，太陽光の中の単色光を xy 平面上でプロットすると，ヨットの帆のような輪郭になる[1]．輪郭上の数値は単色光の波長を表しており，純度の最も高い色になる．

中心部分の W ($x = 0.33$, $y = 0.33$) は白色光を表している．白色光の点 W を通る直線上の等距離にある色同士を補色といい，混合すると白色光になる．また，補色の関係にある 2 種類の絵具を中心に絵画を描くと，色が鮮やかに浮かび上がる．

ゴッホは補色関係にある色を効果的に用いたことで知られ，「夜のカフェテラス」(1888 年) では，夜空を濃紺色のプルシアンブルーを用いることにより，黄色のクロムイエローで描いたカフェテラスを鮮やかに浮かび上がらせている．

2.2 画家が愛した絵具たち—顔料

着色に用いる色素には顔料と染料の 2 つがある．顔料は水や油に不溶の粉末色素であり，染料は水や油に溶ける粉末色素である．絵画には主に顔料が使われてきた．この節では，さまざまな色の顔料を紹介しながら，有名絵画を見ていこう．

2.2.1 東山魁夷が愛した青色—青色の顔料

【アズライト】

洋の東西を問わず広く青色の顔料として使われたのが，銅（Cu）の鉱床から産出するアズライト（藍銅鉱，図 2.2）で，その化学式は $Cu_3(CO_3)_2(OH)_2$ である．

その青色は，CO_3^{2-} および OH^- が配位した Cu^{2+} の d–d 遷移（第 7 章参照）が起源である．

日本画の岩絵具（いわえのぐ）の青色は，多くの場合，アズライトを砕いて微粒子にし，膠（にかわ）に混ぜた顔料であり，群青（ぐんじょう）とよばれた．日本画家の東山魁夷は青色の表現にアズライトを好んで用いたので，日本ではアズライトの青色は東山ブルーともよばれている．「年暮る（としくる）」（1968 年）などが有名である．

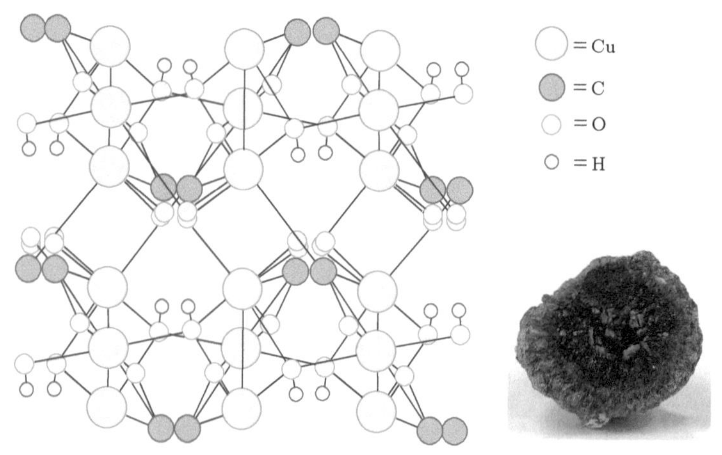

図 2.2　アズライト（$Cu_3(CO_3)_2(OH)_2$）の結晶構造．緑球：Cu，黒球：C，青球：O，白球：H．

【ラピスラズリ】

ラピスラズリ（青金石，瑠璃）は，アフガニスタンで産出する鉱物であるが，アフガニスタンから西アジアを経由し，地中海を渡ってヨーロッパへもたらされたため，ウルトラマリン（海を越えて）ともよばれた．純金と等価もしくはそれ以上の価格で流通していた．

ラピスラズリの元となる方ソーダ石（$Na_8[Al_6Si_6O_{24}]Cl_2$，図 2.3）は，アルミニウムとケイ酸の骨格が作る空隙を Na^+ や Cl^- が占める構造をしているが，Cl^- の一部または全部を硫化物イオンである S_2^- や S_3^- で置き換えると，化学式 $Na_8[Al_6Si_6O_{24}]S_n$ で表されるラピスラズリが得られる．ラピスラズリは硫化物イオンの光吸収により青色に着色し，含有する S_2^- と S_3^- の量の比で色調が変わる[2)]．

ラピスラズリはしばしば黄鉄鉱と一緒に析出し，黄鉄鉱の粒が星に見えることから，夜空を描く顔料として用いられた．イタリア人画家ジョット・ボンドーネによるイタリア・パドヴァのスクロヴェーニ礼拝堂の壁画「東方三博士の礼拝」（1305 年）の星空はラピスラズリで描かれている．この壁画には，東方の三博士をイエスが誕生したベツレヘムに導いたとされる星が，長い尾を引いた橙色の大きな星として描かれているが，これはボンドーネが 1301 年に見たと思われるハレー彗星（75 年周期で地球に接近する彗星）を描いたものと推測されている．1985 年に打ち上げられたハレー彗星探査機ジオットの名前は，ボンドーネの名ジョットに由来している．

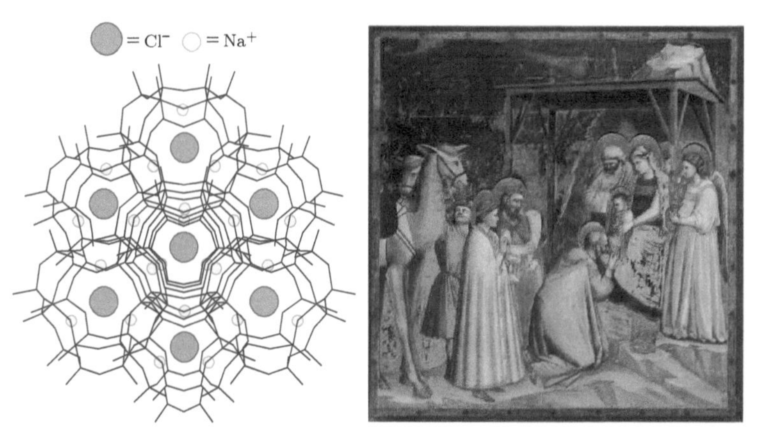

図 2.3　ラピスラズリの母結晶である方ソーダ石（$Na_8[Al_6Si_6O_{24}]Cl_2$）の骨格構造．青色の起源である S_2^-, S_3^- は Cl^-（灰色球）の位置に入る．ボンドーネ「東方三博士の礼拝」．

ラピスラズリを用いた代表的な絵画としては，フェルメールの「真珠の首飾りの少女」（1665 年）に描かれたターバンの青色，カルロ・ドルチの「悲しみの聖母」（1655 年）に描かれた頭巾の青色などがある．

なお，1826 年にはフランスの化学者ギメがラピスラズリの人工合成に成功し，色調の調節も可能となった[3]．ドイツのグメリンも 1828 年にラピスラズリの人工合成に成功している．

【プルシアンブルー】

プルシアンブルーは鉄（Fe）が基本要素の化合物であり，化学式は $Fe^{III}_4[Fe^{II}(CN)_6]_3\cdot 15\,H_2O$ である．$K_4[Fe^{II}(CN)_6]$ の水溶液に Fe^{3+} イオンを加えることによって析出する濃青色の難溶性錯体であり，$-NC-Fe^{II}-CN-Fe^{III}-NC-$ のように CN を架け橋として Fe^{II} と Fe^{III} が交互に結合した三次元ネットワークを形成している（図 2.4）．

また，$K_3[Fe^{III}(CN)_6]$ の水溶液に Fe^{2+} イオンを加えて析出する濃青色の難溶性錯体はタンブルブルーとよばれるが同じ物質である．

ゴッホはこの色を好み，フランス・アルル時代の傑作である「星降る夜」にプルシアンブルーが使われている．また，ピカソは心が沈んだ青の時代（1901 年–1904 年）に，プルシアンブルーをベースとする暗青色を基調として，「盲人の食事」などを描いた．日本には 18 世紀後期に輸入され，浮世絵などの青色顔料として利用された．日本の代表的な作品は葛飾北斎の「神奈川沖浪裏」である．

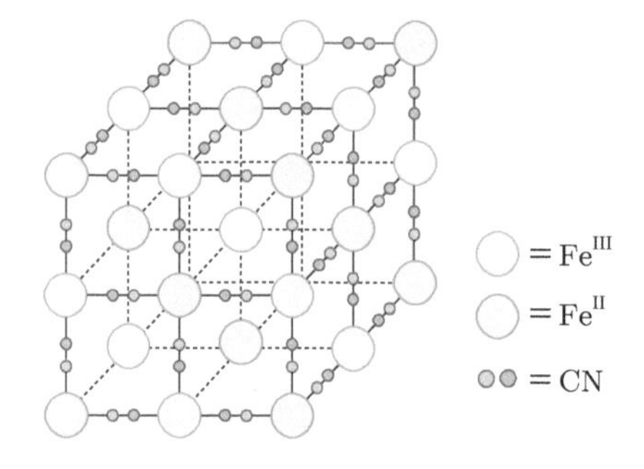

図 2.4　プルシアンブルー（$Fe^{III}_4[Fe^{II}(CN)_6]_3\cdot 15\,H_2O$）の結晶構造．ゴッホ「星降る夜」．

【コバルトブルー】

コバルトブルーは，1802年にフランスの化学者ルイ・テナールによって合成された青色の顔料である．プルシアンブルーに比べて鮮やかな明るい青色のコバルトブルーは，印象派の画家たちが明るい空や海を表現するのに好んで用いられた．

化学式は$CoAl_2O_4$であり（図2.5），Co^{2+}イオンが4個のO^{2-}イオンと結合して四面体を形成し，Al^{3+}イオンが6個のO^{2-}イオンと結合して八面体を形成している．四面体構造のCo^{2+}イオンのd–d遷移（第7章参照）によって500～700 nmの光を強く吸収するため，鮮やかな明るい青色を呈する．

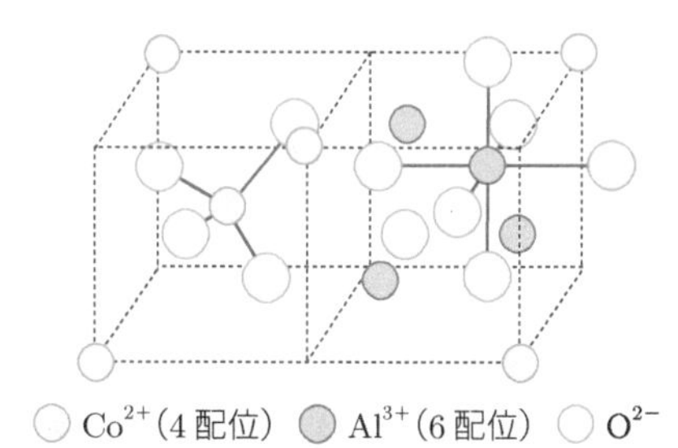

図2.5　コバルトブルー（$CoAl_2O_4$）の結晶構造．ルノアール「小舟」．

【オリエンタルブルー（呉須）】

有田焼や伊万里焼で白磁の青色絵付けに用いられる伝統的な顔料を「呉須（ごす）」というが，これはその顔料が出土した中国の地名に由来している．呉須は青色である酸化コバルト（CoO）を主成分として，MnO_2，Fe_2O_3，NiOを含んでおり，成分比で色調が異なる．呉須で色付けされた有田焼や伊万里焼の磁器は，海外に輸出され，その青色はオリエンタルブルーまたはジャパンブルーとよばれた．

【フタロシアニンブルー】

フタロシアニン（図2.6）という化合物は熱に強く，外側の水素原子をハロゲン原子や分子に置き換えることで，さまざまな色を発現させることができるため，顔料として広く活用されている．フタロシアニンが銅イオンに配位した分子は鮮やかな青色を示し，東海道新幹線の青色塗料として用いられている．

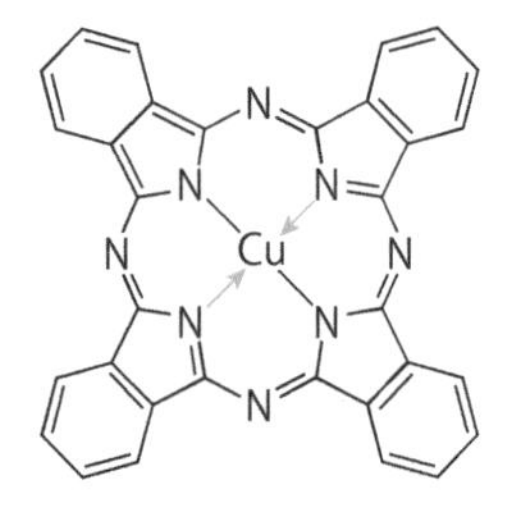

図 2.6　フタロシアニンブルーの分子構造.

コラム 2.1　プルシアンブルーの発見

プルシアンブルーは 1704 年頃，ベルリンの染色業者ディースバッハが染料を合成中に偶然発見したと伝えられている[4].

彼はいつも，カイガラムシというカメムシから抽出した赤色色素のコチニールに鉄塩とミョウバンを加え，それにアルカリ（炭酸カリウム）を加えて赤色染料を沈殿させていた．ところがある日，アルカリがなくなってしまったので同僚から借りたところ，青色になってしまった．実は，同僚のアルカリは動物の血液から作られたもので，その血液成分によって，偶然青色の染料が析出したのであった．

その後，牛の血液とアルカリを焼いて水で溶かした水溶液に，硫酸鉄とミョウバンを加えることにより生成した青色沈殿が，青色顔料として販売された．当時，ベルリンがプロシア王国に属していたため，「プルシアンブルー」と名付けられた．また，ベルリンで発見されたことから，「ベルリンブルー」ともよばれた．のちに大量生産の手法が確立され，プルシアンブルーは青色顔料として広く利用されることになった．

この工程の途中では，牛の血液に含まれる有機窒素化合物がアルカリによって分解し，シアン化物イオン（CN^-）が生成するが，硫酸第一鉄（$FeSO_4$）を加えることにより黄色のフェロシアン化カリウム（$K_4[Fe^{II}(CN)_6]$）が生成する．このように，動物の血を原料に用いることから，黄色のフェロシアン化カリウムを黄血塩とよび，酸化された赤色のフェリシアン化カリウム（$K_3[Fe^{III}(CN)_6]$）を赤血塩とよぶようになった．

プルシアンブルーは不溶性であり，格子の隙間にアルカリ金属イオンを取り込むことができる．このため，原発事故で放出された放射性元素の ^{134}Cs や ^{137}Cs の吸着・除去剤としても用いられている．

2.2.2　鳥居の赤色―赤色の顔料

【辰砂】

硫化第二水銀（HgS）は辰砂（しんしゃ）とよばれるが，これは中国の辰州で多く産出したためである．辰砂は古くから赤色顔料として用いられ，例えば，神社の鳥居の赤色がそうである．辰砂は，硫黄から水銀への電荷移動による強い吸収帯が 600 nm より短波長側にあるため，赤色を呈する．

【酸化第二鉄】

酸化第二鉄（Fe_2O_3）は絵画や塗料の赤色として用いられてきた．600 nm より短波長側に，酸素から鉄への電荷移動による強い吸収帯があるため，赤色を呈する．江戸時代にインドのベンガル地方産のものを輸入したので，日本では「ベンガラ」とよばれるようになった．この赤色は酸化第二鉄の粒子の大きさや形状で色調が変わる．有田焼の赤色は，酸化第二鉄から生み出されたものである．磁器の赤色は，粒径約 0.1 μm の酸化第二鉄を焼き付けると最も鮮やかな赤色になる．

コラム 2.2　豊臣秀吉と磁器

佐賀県の有田焼や伊万里焼は純白の磁器であり，豊臣秀吉による朝鮮出兵（文禄の役（1592–1593），慶長の役（1598））が終わって諸大名が朝鮮半島から引き上げる際，朝鮮半島の陶工を日本に連れてきたことが始まりである[5)]．当時，日本の焼物は陶器であり，純白の磁器はなかった．磁器は陶器よりもガラス質を多く含み，その白さに特徴がある．

朝鮮半島から鍋島藩に連行されてきた陶工は，磁器の材料である白い粘土のカオリン（$Al_2Si_2O_5(OH)_4$）を有田で発見し，白磁器の製作を始めた．1596 年に生まれた酒井田柿右衛門は，白磁器に酸化鉄の釉薬（ゆうやく）を焼き付けることにより鮮やかな赤絵磁器の焼成に成功し，柿右衛門様式とよばれる磁器となって西洋にも輸出されていった．

2.2.3　ゴッホの「ひまわり」の黄色―黄色の顔料

【クロムイエロー】

クロムイエローの化学式は $PbCrO_4$（クロム酸鉛）で表され，日本では黄鉛（おうえん）とよばれている．530 nm より短波長側に酸素からクロムへの電荷移動による強い吸収帯をもつために，黄色を呈する．ゴッホはクロムイエローの黄色を好み,「種まく人」や多数の「ひまわり」を描いたため, クロムイエローはゴッホイエローともよばれている．

【カドミウムイエロー】

カドミウムイエローは硫化カドミウム（CdS）であり，その名の通り黄色を呈する．500 nm より短波長側に硫黄からカドミウムへの電荷移動による強い吸収帯をもつ．硫化カドミウムは 19 世紀前半に合成され，絵具として使用されるようになった．印象派のクロード・モネは，カドミウムイエローを好んで用い，静物画や風景画を描いた．

2.2.4　新幹線の緑色―緑色の顔料

【フタロシアニングリーン】

銅イオンにフタロシアニンが配位した分子は鮮やかな青色を示すが，フタロシアニンの外側にある 4 個のベンゼン環に結合している水素原子をすべて塩素原子に置換すると, 鮮やかな緑色になる. これがフタロシアニングリーンである（図 2.7）．このフタロシアニングリーンは，東北新幹線の緑色の塗料として用いられている．

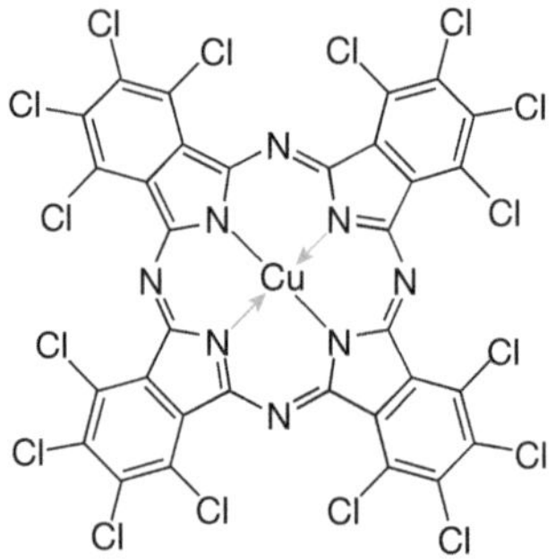

図 2.7　フタロシアニングリーンの分子構造.

【孔雀石】

青色顔料であるアズライト（$Cu_3(CO_3)_2(OH)_2$）に似た組成をもつ岩絵具に孔雀石（マラカイト）がある．その化学式は$Cu_2CO_3(OH)_2$であり，銅製品にできるサビの緑青の主成分と同じである．結晶の縞模様が孔雀の羽根の模様に似ていることから孔雀石とよばれており，日本画の緑色の岩絵具として用いられている．緑色は，CO_3^{2-}およびOH^-が配位したCu^{2+}のd–d遷移に起因している．多くの日本画家は，青色から緑色につながるグラデーションを表現する岩絵具として，藍銅鉱と孔雀石を混合して用いた．東山魁夷の「緑響く」などが代表的な例である．

2.3 色鮮やかな服の色はどこからくるのか？—染料のしくみ

古くから日本では，草や樹皮を使って織物を鮮やかな色に染色してきた．しかし，江戸時代になると幕府が「奢侈禁止令」を発令して町人たちの贅沢を禁じ，鮮やかな染織物も禁止された．

しかし，町人たちは多種多様な鼠色や茶色を創作して染め，地味な色を上品で深みのある粋な色として昇華させていき，四十八茶百鼠（48種類の茶色と100種類の鼠色）とまで言われるようになった．四十八茶百鼠にはさまざまな草木による染色とその混合割合の創意と工夫があったのであろう．哲学者の九鬼周造は著書『いきの構造』で多彩な茶色と鼠色を「粋な色」とし，それを見分ける江戸文化の感性について考察している[6]．

四十八茶百鼠には，豊かで鮮やかな草木染めの色が隠されている．ここでは，代表的な草木や貝などの色素を使った染色について紹介する．

染色では，まず水に溶ける状態で糸や布に色素を浸み込ませた後，水に溶け出さない状態に変化させて染め上げる．この工程を「媒染」とよび，藍染では日光に晒して酸化させることにより，水に溶け出さない藍の形で仕上げている．一方，大島紬では，シャリンバイ（車輪梅）などの樹皮から抽出された色素のタンニンで染色した後に泥染を行うが，これは泥に含まれる鉄イオン（Fe^{3+}）が媒介となって繊維とタンニンを結合させ，水に溶け出さない形で染め上げている．

2.3.1　青は藍より出でて藍より青し？—青色の染料

【藍の青色】

藍は，青い染料が採れる植物の総称であり，タデ科の藍やマメ科の印度藍などがあり，これらの植物は共通して青の色素（インジゴ）の元になる成分（インディカン）をもっている．

インディカンはブドウ糖とインドールが結合した配糖体の一種で無色である．このインディカンは藍の葉に付着している酵素の働きで糖が離脱してインドキシルになり，空気中の酸素により酸化されて青色のインジゴになる．青色インジゴは水に溶けないので，そのままでは染料にならないが，酵素の働きで還元され，水溶性で無色の還元型インジゴ（ロイコ型インジゴ）に変わる．

発酵させた藍の溶液に布を浸して日光に晒すと，布の中に浸み込んだ無色の還元型インジゴが不溶性の青色インジゴになるため，水洗いしても青い布が脱色することはない．藍染の化学反応を図 2.8 に示す．

インジゴの名前は，16 世紀以降，インドや東南アジアからポルトガルやオランダの東インド会社を経由して，インジゴがヨーロッパに導入されたことに由来している．青色のインジゴは水に溶けないため，衣服の染料のみならずインジゴ顔料として多くの絵画に利用された，19 世紀後半になると，ドイツのフォン・バイヤーがインジゴの合成と構造決定を行い，その工業化に成功し，その後の合成染料が発展していった．この功績により，フォン・

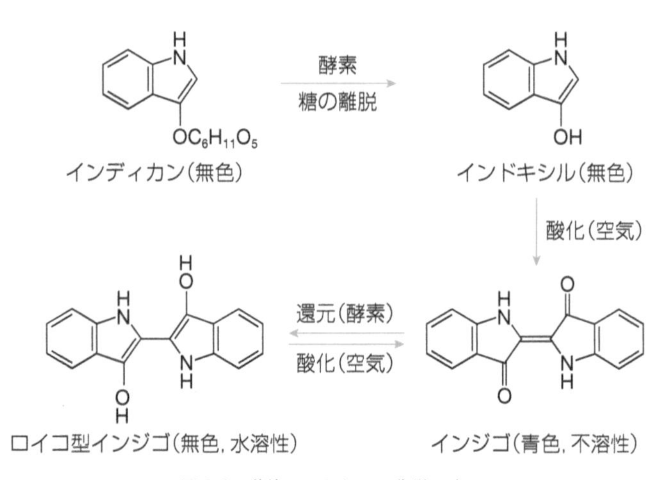

図 2.8　藍染の工程とその化学反応．

バイヤーは 1905 年にノーベル化学賞を受賞している．

2.3.2　万葉集でも詠まれた赤色—赤色の染料

【茜の赤色】

万葉集の中で額田王（ぬかたのおおきみ）が詠んだ歌「あかねさす紫野行き標野行き 野守は見ずや君が袖振る」にあるように，茜（あかね）は古くから鮮やかな赤色の染料として用いられてきた．草木染めに用いるアカネの名前は「赤根」に由来し，その根を煎じると，赤色の色素であるアリザリン（Alizarin）を抽出することができる．アリザリンの分子構造を図 2.9 に示す．アリザリンは発光することから，染料のみならず色素レーザーに用いられている．

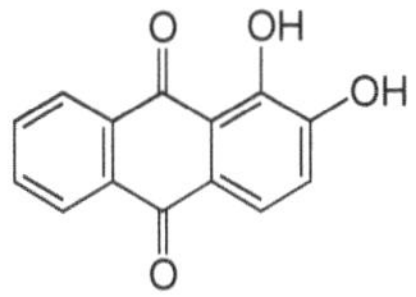

図 2.9　茜に含まれる赤色色素アリザリン（Alizarin）の分子構造．

【蘇芳の赤色】

蘇芳（すおう）はインド，マレー諸島原産の樹木で，その幹から深紅色の染料がとれることから，古くから赤色の染料として使われてきた．蘇芳の赤色成分の分子構造を図 2.10 に示す．

大航海時代になって南米大陸が発見されると，この地を訪れたヨーロッパの商人たちは，この土地に数多く自生している樹木が，ヨーロッパで赤色の染料として用いられていたインド原産の蘇芳と類縁種であることを発見し，その樹木をポルトガル語で「赤い木」を意味するパウ・ブラジル，すなわち「ブラジルボク」とよぶようになった．そして，その大地のことをブラジル

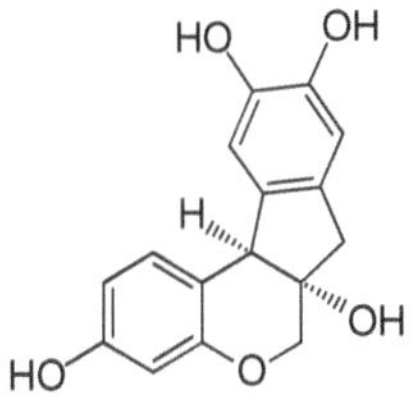

図 2.10　蘇芳の赤色の分子構造．

と名付けたのである．蘇芳の木の赤い芯は弾力性に富み，音を吸収しにくいことから，バイオリンの弓の最高級材料として用いられている．

ここで蘇芳の色素と櫨(はぜ)の木の色素の交染による黄櫨染(こうろぜん)について紹介する．黄櫨染は天皇を象徴する色であり，即位の礼のときに天皇が着る装束の黄櫨染御袍(こうろぜんのごほう)は，蘇芳と櫨の芯材から抽出された染料で交染されており，太陽光のもとでは高貴な茶色に見えるが，ロウソクの火だと赤色に見える．

2.3.3 たくあんの黄色—黄色の染料

【刈安の黄色】

ススキの仲間である刈安(かりやす)は，染料となるルテオリン（Luteolin）を含んでおり，この染料から鮮やかな黄色の糸や布が染め上げられる．八丈島の特産である黄八丈はコブナグサ（小鮒草）による草木染めであるが，その色素もルテオリンである．図 2.11 にルテオリンの分子構造を示す．

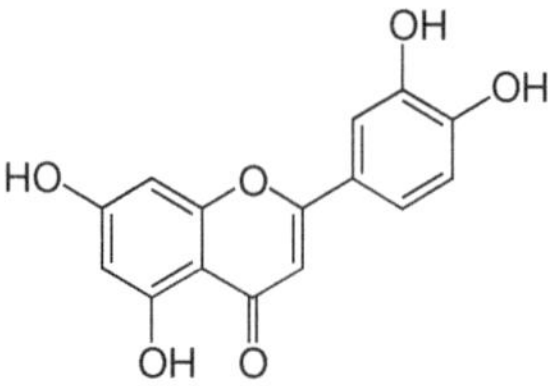

図 2.11　刈安に含まれる染料色素（ルテオリン）の分子構造．

【クチナシの黄色】

クチナシは，6 月から 7 月にかけて芳香をもつ白い花を咲かせるが，花後にできる実は熟しても口を開かないため,「口無し」とよばれるようになった．その実は山梔子(さんしし)とよばれ，解毒剤や解熱剤として用いられてきた．実に含まれる色素はクロセチン（Crocetine）であり，黄色の染料のみならず食べ物のたくあん漬やきんとんの色付けに用いられている．図 2.12 にクチナシの実に含まれるクロセチンの分子構造を示す．パエリアなどの食材に用いられ

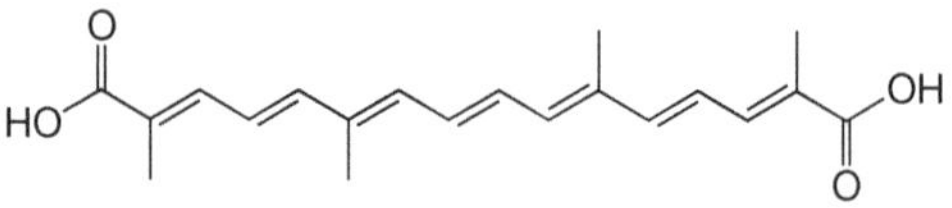

図 2.12　クチナシの実に含まれるクロセチンの分子構造．

るサフランのめしべの色素も，クチナシの色素と同じクロセチンである．

2.3.4　緑色は黄色から作る？—緑色の染料

【黄色染料と藍の交染】

緑色に染色するには2通りの技法がある．1つは緑色の染料で直接染色する方法である．もう1つの技法は，黄色に染色した糸を青色染料に浸して緑色の糸にする方法である．緑色の素材としては，植物の葉に含まれるクロロフィル（葉緑素）が考えられるが，不安定で染料には不向きである．染色家で人間国宝の志村ふくみは，刈安などで染めた黄色の糸を発酵した藍甕（あいがめ）に浸すことにより，鮮やかな緑色の糸や布を作り出している[7]．刈安の黄染料は，赤みを含まないことから，緑色に染める際に藍との交染で鮮やかな緑色に染め上げることができる．

【マラカイトグリーン】

人工色素であるマラカイトグリーンの名前は，マラカイト（孔雀石）の色調に似ていることに由来しており，染色のみならず紙やプラスチックの色付に用いられている．図2.13にマラカイトグリーンの分子構造を示す．

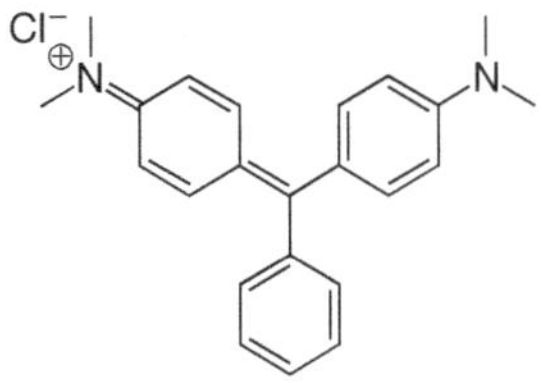

図2.13　マラカイトグリーンの分子構造．

2.3.5　高貴な色—紫色の染料

【古代紫】

中国では，古代から多年草であるムラサキ草の根（紫根）から抽出した染料を使って織物を染色してきた．日本には，飛鳥時代に遣隋使を通して紫根による染色が伝来した．そして，推古天皇の時代に冠位十二階が制定されるとともに，冠位に応じた装束の色が定められ，紫の装束が最も高貴な色になった（603年）．紫根から抽出した赤紫色の色素はシコニンとよばれ，その分子構造を図 2.14 に示す.

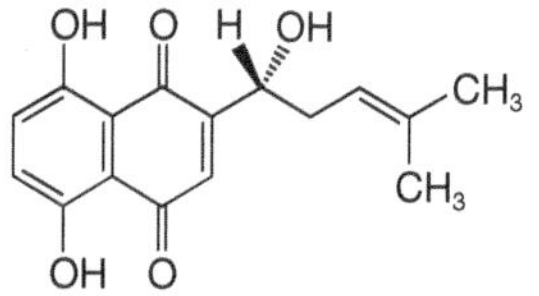

図 2.14　ムラサキ草の根（紫根）から抽出された色素（シコニン）の分子構造.

【貝紫】

フェニキア地方（現在のレバノン）で採れた巻貝の一種であるアッキ貝が分泌する白い液は，太陽光に晒されると紫色に変わる．この貝紫は高貴な色としてジュリアス・シーザーやクレオパトラが衣装に用いたことは有名である．1 g の貝紫を得るには数千個のアッキ貝を必要としたため，非常に高価であった．貝紫の分子構造を図 2.15 に示す．なお，20 世紀の初頭，ドイツのパウル・フリードレンダーが貝紫の化学合成と構造の決定に成功している．貝紫の分子構造とインジゴの分子構造（図 2.8）がよく似ていることがわかる.

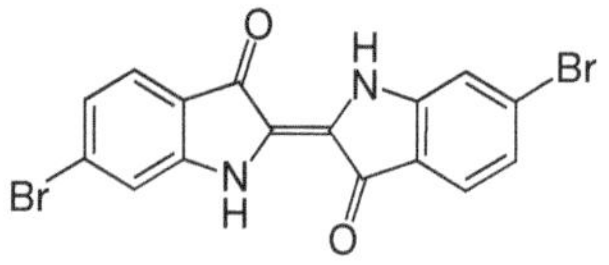

図 2.15　貝紫（6,6′-ジブロモインジゴ）の分子構造.

【最初の人工染料】

西洋では，紫色の染料はアッキ貝から採れる貝紫しかなく，非常に高価であった．1956 年，弱冠 18 歳であった英国王立化学大学助手のウィリアム・パーキンはアニリン（$C_6H_5NH_2$）を出発物質として紫色の染料を合成することに成功した[8]．これが世界で最初の合成染料となり，モーベイン（Mauvein）と名付けられた．ちなみにモーベインの名前は，赤紫色の花であるゼニアオイのフランス語（Mauve）に由来している.

図 2.16 (a) にモーベイン A の分子構造を示す．モーベインが合成された 2 年後には，パーキンの指導教授であったホフマンおよびフランスのヴェルガンが，それぞれ独自にアニリンを出発物質として紫色の染料であるフクシ

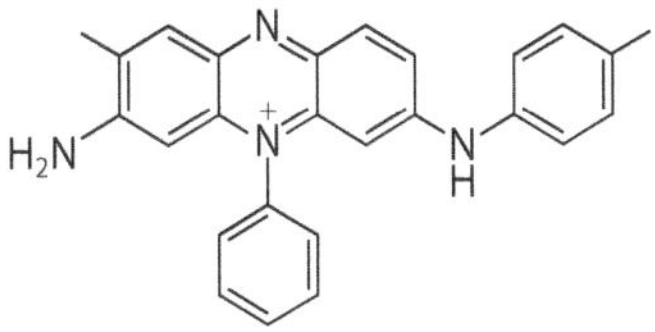

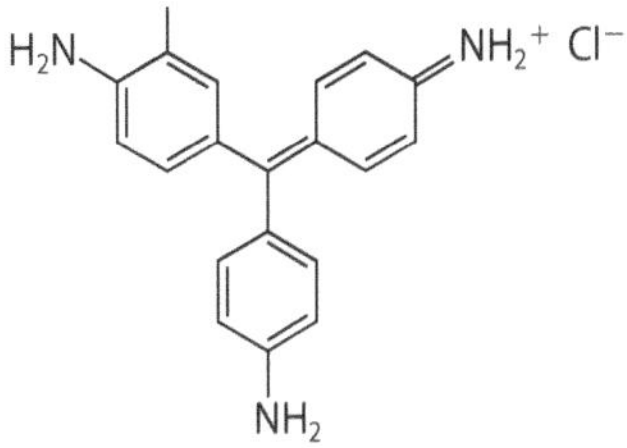

(a) モーベイン　　　(b) フクシン

図 2.16　紫色の人工染料であるモーベイン A およびフクシンの分子構造.

ン（Fuchsine）を合成することに成功し，安価な紫色の染料が世界に広まっていった．フクシンの名前は，赤紫色の花を咲かせるフクシア（Fuchsia）に由来している．図 2.16 (b) にフクシンの分子構造を示す．

コラム 2.3　貝紫を現代によみがえらせた日本人

古代，ジュリアス・シーザーやクレオパトラが最も高貴な色として用いた貝紫は，膨大な数のアッキ貝を必要としたため，ローマ帝国の滅亡とともに衰退していった．1976 年に日本の染色家の秋山眞和は，日本産の巻貝であるアカニシ貝の内臓から分泌する貝紫を抽出して染色に成功し，「大和貝紫」として現代によみがえらせた．

コラム 2.4　金属イオンとナスの漬物

ナスの漬物を作る際，ミョウバンを添加すると光沢が出ることはよく知られている．また，正月料理に欠かせない黒豆を煮る際，鉄釘などを入れると光沢のある黒豆に仕上がる．これは，ミョウバン ($KAl(SO_4)_2 \cdot 12\,H_2O$) の Al^{3+} イオンや鉄釘から出る Fe^{3+} イオンが，ナスや黒豆の皮に含まれる色素のアントシアニンと結合し，色素が皮から水に溶け出るのを防いでいるからである．こうして，光沢のあるナスの漬物や黒豆の煮物ができあがる．

コラム 2.5 落葉樹の葉が紅葉するしくみ

落葉樹は秋になると，葉が緑色から黄色や赤色に紅葉する．紅葉した葉はやがて樹木から落葉して冬の季節に備える．銀杏の葉はなぜ黄色になり，楓の葉は赤色になるのであろうか．また，柏やクヌギの葉は，なぜ茶色になるのであろうか．

落葉樹の葉には，光合成に不可欠なクロロフィルの他に，アントシアニン（赤色など），カロテノイド（黄色），タンニン（茶色）などが含まれている．秋が深まって日照時間が短くなり，気温が低下していくと，葉の緑色の元であるクロロフィルは役割を終えて消滅し，アントシアニンなどの色が支配的になる．こうして，赤い色素のアントシアニンが多い楓や桜の葉は赤色になり，黄色い色素のカロテノイドが多い銀杏やブナの葉は黄色になる．クヌギや柏では，茶色い色素のタンニンが多いため，葉が茶色くなって落葉する．

2.4 写真のしくみ

2.4.1 白黒写真の歴史

写真技術の歴史は古く，1727 年にドイツのシュルツェが透明な硝酸銀（$AgNO_3$）が日光のもとで黒くなることを発見し，像を記録したことに遡ることができる．その後，1837 年にフランスのダゲールが銅板にヨウ化銀（AgI）を塗布した銀板写真を考案し，実用的な写真撮影に成功し，1840 年代にはダゲール方式による肖像写真が世界的に流行した．日本人が写した最古の写真は，1857 年に撮影された薩摩藩主の島津斉彬の肖像写真である．

その後，臭化銀（AgBr）の微細な微結晶（数ミクロン程度）をゼラチン水溶液に懸濁した乳剤を透明なフィルムに塗布して乾燥させたものが写真フィルムとして使われ，紙に塗布して乾燥させたものが印画紙として使われてきた．

写真フィルムに光が十分当たると，臭化銀の微結晶に光分解によって生じた銀原子の核（クラスター）が形成される（感光）．この銀クラスターを潜像（現像核）とよぶ．潜像ができた写真フィルムをヒドロキノン（図 6.11）などの還元力のある試薬を含んだ水溶液（現像液）に浸すと，微結晶の臭化銀は潜像を核として銀に還元され，微結晶全体が黒くなる．光が十分当たっていない微結晶は潜像が形成されないため，現像液で還元されず，そのままとなる．

この状態の写真フィルムを水洗いした後，チオ硫酸ナトリウム（$Na_2S_2O_3$）の水溶液（定着液）に浸すと，還元されていない臭化銀の微結晶は下記の反応により，錯イオン $[Ag(S_2O_3)_2]^{3-}$ が形成されて水に溶け出し，銀粒子の黒い微結晶のみが残る．

$$AgBr + 2\,Na_2S_2O_3 \longrightarrow Na_3[Ag(S_2O_3)_2] + NaBr$$

これらの作業は暗室で行われ，定着を終えたフィルムでは，光の当たった部分は黒く，当たらなかった部分は透明になっている．これをネガ（陰画）とよんでいる．このネガフィルムに光を当て，その像を印画紙に焼き付ける．その印画紙に対して現像と定着を施すことにより，実物を再現した写真ができあがる．

感光材である臭化銀は淡黄色であり，500 nm 付近から長波長の可視領域では透明であり，感光しない．500 nm より長波長の光を吸収する色素を臭化銀の微粒子に吸着させると，光を吸収した色素の励起エネルギーが臭化銀に伝達され，可視領域全体の光で臭化銀が感光するようになる．この色素を増感色素とよび，この現象は太陽電池にも活用されている．可視領域全体の光に感光する写真フィルムは panchromatic（パンクロ）とよばれている．

2.4.2 カラー写真のしくみ

カラー写真技術の歴史も古く，19 世紀後半まで遡ることができる．電磁気学の理論で有名な英国のマクスウェルは 1861 年，光の三原色のフィルターを付けて撮影した 3 枚の写真を重ねることでカラー写真を作成している．一方，フランスのリップマンは 1891 年，光の干渉により光の色を再現し，カラー写真の撮影に成功した．リップマンは，この業績により 1908 年にノーベル物理学賞を受賞している．像が鮮明にできないことや装置が高価なことから，この方式のカラー写真が普及することはなかったが，この技術はその後，レーザーの発展とともにホログラフィーの技術として現代によみがえり，三次元画像の記録と再生の技術として発展している．

ここでは，1930 年代に開発され，その後実用化されたカラー写真技術に

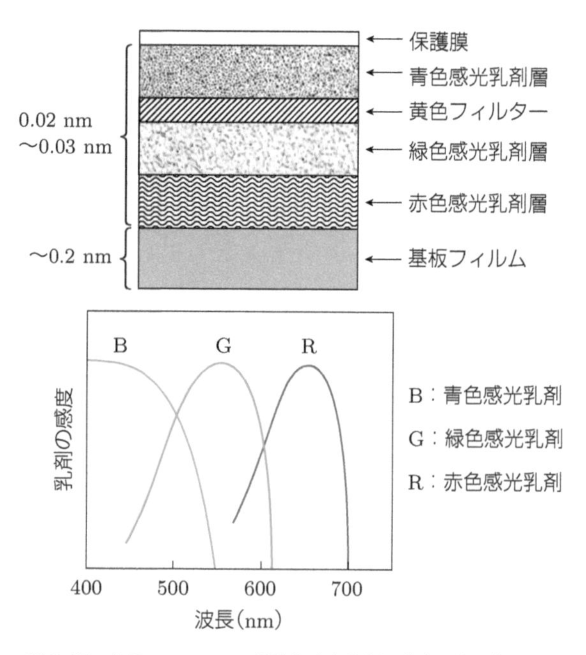

図 2.17　カラーフィルムの構造と感光乳剤の感度の波長依存性.

ついて紹介する．カラーフィルムには高度な技法が組み込まれており，そのしくみを図 2.17 に示す[9]．カラーフィルムには，青色，緑色および赤色に感光する 3 層の感光乳剤と青色領域の光をカットする黄色フィルターで構成されている．各感光乳剤には，臭化銀の微結晶と色素の元になる材料が含まれている．第 1 層の青色感光乳剤層は増感されていない乳剤のため，青色領域の光だけに感光する．その下にある青色領域の光をカットする黄色フィルターを光が通過すると，緑色の波長領域で感光するように増感された乳剤の層では，緑色の波長領域で感光し，赤色の波長領域で感光するように増感された乳剤の層では，赤色の波長領域で感光する．

このフィルムを現像液に浸すと，潜像のできた臭化銀の微粒子は還元されて銀微粒子になり，現像液に含まれている還元剤のフェニレンジアミン（図 2.18 (a)）は銀微粒子の表面で酸化されてキノンジイミン誘導体（図 2.18 (b)）になる．このキノンジイミン誘導体が，3 種類の感光乳剤に含まれている有機色素の前駆体（図 2.18 (c), (d), (e)）と結合して有機色素となり発色する．

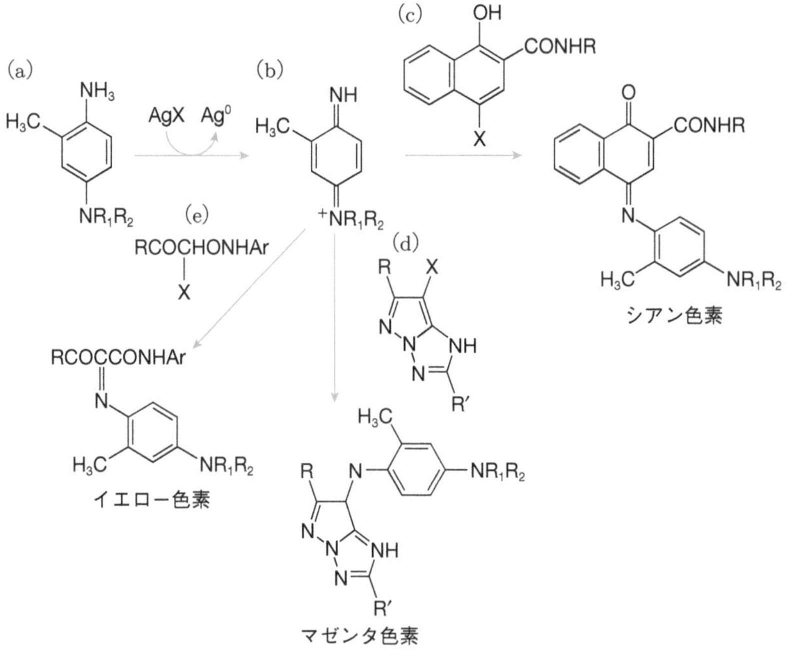

図 2.18　カラー写真におけるカップリングと発色のしくみ（『新編 色彩科学ハンドブック』日本色彩科学編（東京大学出版会，2003），p. 547）．

こうして，現像によって臭化銀微粒子が銀微粒子に還元されると，銀微粒子の表面で有機色素が発現する．そのしくみを図 2.18 に示す．このフィルムをチオ硫酸ナトリウムの水溶液（定着液）に浸すと，銀微粒子および未感光の硝酸銀微粒子が除去される．こうしてできあがったフィルムに光を当て，カラーフィルムと同じ感光乳剤の層と黄色フィルターで構成された印画紙に焼き付け，現像と定着を行うことによってカラー写真ができあがる．

第 3 章

光と照明のふしぎな関係

色と光の根源となる光源として最も普遍的なものは，太陽光であろう．次に人間の初期の発明である火，そしてエジソンの白熱電球と続く．いずれも高温の物質が発する光，すなわち熱放射である．太陽の表面の温度は約 6,000 K と言われているが，どのようにして地球上から太陽の表面温度を測ることができるのであろうか．第 3 章では，まず熱放射すなわち黒体放射の解明の歴史とそれを利用した色温度の計測，いろいろな照明の原理について紹介する．

3.1 すべての光を吸収し，すべてを吐き出す黒体

3.1.1 黒体とはなにか？

金属を熱して温度を上げていくと，赤黒く光り始め，次第に赤色，橙色，黄色と，発せられる光の波長が短くなっていく．これを数式で表したのが，ウィーンの変位則である．すなわち，発せられる光の中心波長 λ_{MAX} は絶対温度 T の逆数に比例するというのである．

$$\lambda_{\mathrm{MAX}} = b/T \tag{3.1}$$

この様子を図 3.1 に示す（このようなグラフをスペクトルという）．1,000 K, 2,000 K, 6,000 K と温度が高くなるにつれてスペクトルの極大の位置が，短波長へ移動していくのがわかるであろう．

図 3.1 では「黒体放射」という言葉が使われているが，黒体とは，外からの光を 100% 吸収するという理想化された物体である．吸収したエネルギー

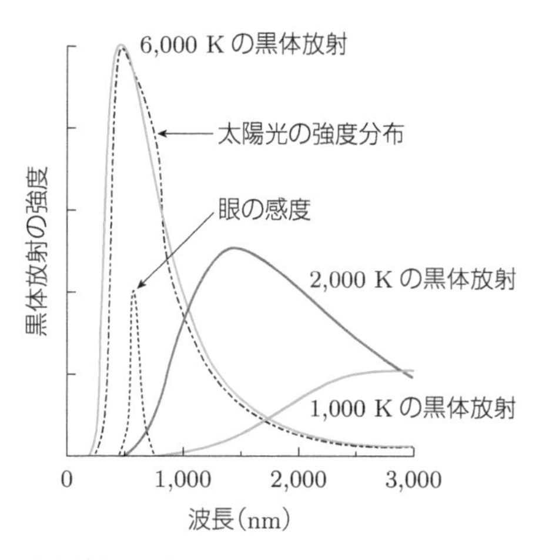

図 3.1　さまざまな温度の黒体放射の理論曲線と太陽光の強度分布．

は電磁波として放出されるが，それが図 3.1 のグラフである（金属は完全な黒体ではないので，図 3.1 の黒体のスペクトルからは少しずれる）．現実に黒体に近いものとして，一定温度に保たれた箱に空けられた小さな穴が挙げられる．穴に入った光は，内部の壁で何回も散乱されて容器に吸収されていくので，穴から再び外へ出ていく光はほとんどない．つまり真っ黒に見える（ただし，箱からは温度に応じた電磁波が放出される）．

式（3.1）の導出のもとになったウィーンの放射法則（スペクトルを与える式）は，可視光の波長領域ではよく成り立つことが知られていたが，波長の長い赤外領域では実験と合わないことが，ルーベンスらによって指摘された[1)]．当時，ウィーン以外にも，レイリー，ティーセン，プランクなど，名立たる物理学者からいろいろな黒体放射スペクトルの公式が提案されていた．

ルーベンスらは，スペクトルの形状を議論する代わりに，赤外領域のある波長範囲に出てくる放射の量を温度の関数として測定するという巧妙な方法で，どの理論式が正しいのかを実験的に検証した．その方法は，深い穴の中に設置されたヒーターからの放射（黒体放射とみなせる）を蛍石の鏡で数回反射させて分光し，その強度を測定するというものであった．これは，蛍石が波長 24 μm と 31.6 μm の赤外光を選択的に反射することを利用したものである．長波長領域におけるこの精密な測定は，古典的な統計力学に基づいたウィーンの放射法則の式から大きくずれている結果となった．

3.1.2　プランクの着想

プランクは，光のエネルギーの値が連続的ではなく，とびとびの値しか取ることができないという仮定を置くことにより，この問題を解決した[2]．光は時間的に正弦波的に変動する電磁場であるので，これを「振動子」と見立てて物体と光の間の熱平衡状態を考える．振動子がもつエネルギー U は

$$U = nh\nu \quad (n = \text{整数}) \tag{3.2}$$

というとびとびな（離散的な）値しか取ることができないと仮定し，スペクトル（放射エネルギー強度）を表す式として，

$$B(\nu, T) = \frac{8\pi h\nu^3}{c^3}\frac{1}{e^{h\nu/k_BT} - 1} \tag{3.3}$$

を導いた．ここで ν（ニュー）は光の振動数，h はプランクの定数，k_B はボルツマン定数，c は光速度である．この式は「プランクの黒体放射の式」として知られている[2]．ルーベンスらは，このほかに岩塩の鏡で 51.2 μm 付近，石英の鏡で 8.50 μm と 9.05 μm 付近の赤外光を切り出して振る舞いを調べ，いずれもプランクの式が最もよく実験結果を再現することを確認した[1]．この式の成功により，「量子力学」という新しい理論体系への扉が開かれたのである．ちなみに，図 3.1 の 6,000 K における黒体放射スペクトルは，式（3.3）を振動数 ν から波長 λ に変換した式で計算したものである．

黒体は，温度が低いときは暗い赤色の光を放出し，温度が高くなるにつれて黄色みを帯びた光になり，さらに高温になると青みがかった光になる．太陽光強度の波長依存性は，6,000 K の黒体放射の曲線とほぼ一致することから，太陽の表面温度は 6,000 K と推定される．図 3.1 には，さまざまな温度の黒体放射の理論曲線と太陽光強度曲線を示してある．表 3.1 に代表的な恒星の表面温度を示す．

表 3.1　代表的な恒星の表面温度

恒星	星座	表面温度
アンタレス	さそり座	3,500 K
ベテルギウス	オリオン座	3,500 K
太陽		6,000 K
シリウス	おおいぬ座	9,900 K

ジョージ・ガモフは，ビッグバン宇宙論を元に，現在の宇宙温度を 7 K と推定した[3]．この温度は，約 146 GHz にピークをもつ電波（マイクロ波）に相当するが，この電波を偶然発見したのは米国・ベル電話会社のペンジアスとウィルソンであった[4]．二人は，アンテナで受信する電波からどうしても取り除けない雑音があることを発見し，この雑音が宇宙のあらゆる方向からやってくることから，宇宙起源ではないかと考えて測定したところ，3 K に相当するマイクロ波であった．この発見により，ガモフが提唱したビッグバン宇宙論の正しさが証明されたのである．ペンジアスとウィルソンはこの功績により，1978 年にノーベル物理学賞を受賞したが，ビッグバン宇宙を提唱したガモフは 1968 年にすでに死去していたため，ノーベル賞を受賞することはなかった．

3.1.3 キルヒホフの法則

前項では，太陽光を黒体放射として説明したが，この式が成り立つためには，その物質が「完全な黒体」，すなわち，あらゆる波長の光を 100% 吸収するという条件が必要である．太陽やその他の人工的な光源は本当に真っ黒なのか，という点を確認しておく必要がある．その前に，黒いことと光の放射効率になんの関係があるのか，ここで少し説明を加えておきたい．

同じ温度の物体でも，黒いものは白いものに比べて，より多くの光を放出する．もう少し正確に言うと，「吸収率と放射率は等しい」という法則（キルヒホフの法則）がある．これは次のような思考実験から容易にわかる．

いま，大きな真空容器があって，その中にどこにも接触しないように球が浮いているとする．この場合，容器と球の間の熱のやりとりは，光（赤外線）を介するしかない．もし，その球が光を 100% 吸収するが，ほとんど放射はしないとすると，容器からくる光のエネルギーをどんどん溜め込んで，容器よりも球の温度が高くなってしまうであろう．しかし，熱力学の基本法則によれば，閉じた系の中で自然に温度差ができてはいけないので，球はもらったエネルギーと同じ量のエネルギーを，光として出し続けなければならない．つまり放射率は吸収率に等しい．これがキルヒホフの法則である．黒体は，吸収率が 100% なので，放射率も 100% ということである．

さて，太陽の表面として見えているのは，光球というごく薄い表皮（太陽の半径の 1/1,000 程度）であって，そこの平均的な温度が 6,000 K である[5]．

ここは「不透明な」ガスで構成されており，光はガス中を通過するうちに反射されることなく，いずれ吸収されてしまう．その意味で太陽の光球はほぼ完全に黒く，放射される光のスペクトルはプランクの黒体放射の式に従うと考えてよい．ただし，太陽光が地上に到達するまでに大気による散乱や吸収の影響を受けるので，そのスペクトルは図 3.1 のように，黒体放射スペクトルから若干ずれたものになる．

高温物体からの熱放射を利用する光源においては，放射率が黒体に近いほうが有利である．例えば，水素と酸素の混合ガスを燃焼して得られる酸水素炎は 2,800°C という高温に達するが，その炎は肉眼ではほとんど見えない．これは酸素も水素も水も，可視領域で透明（吸収がない），すなわち放射率がほとんどゼロであるためである．

3.2 エジソンの大発明

1816 年にトーマス・ドルモンドは，ライムライトとよばれる強力な白色光源を発明した[6]．炭酸カルシウムの塊である石灰岩（limestone）に酸水素炎を当てると，分解して酸化カルシウムが生成するが，これは融点が 2,613 °C で高温大気中でも安定であり，可視領域で有意の放射率をもつので，高温に熱せられると強烈な白色光を発する．ライムライトは，チャップリン映画のタイトルにもなり，20 世紀の初めには舞台を象徴する照明となった．

1885 年になると，ガーゼにトリウムと希土類金属を硝酸塩の形でしみこませ，ガスバーナーで燃焼して生成した網目状の酸化トリウム（融点 3,390°C）を発光体とした光源が開発された（ヴェルスバッハマントル）[6]．この方式では酸化物が燃焼を助ける触媒の作用をするので，酸化物はさらに高温になり，希土類の蛍光も加わってやや緑色を帯びた明るい光源となる．キャンプのガスランタンなどで用いられている．

1879 年には，電流を用いた光源（白熱電球）がエジソンによって発明された．はじめは，真空のガラス容器の中に設置した炭素のフィラメントに電流を流す，という方式がとられたが，炭素は融点は高いものの蒸気圧が高く，2 日ほどで昇華してフィラメントが切れてしまうという問題があった．炭素材料としては，日本産の竹が最適だったそうだ．後に GE（General Electric）社は，昇華しにくいタングステンをフィラメントとして採用し，寿命を延ばすために電球に窒素とアルゴンガスを少し封入する方式にした．これは現在に至るまで使用されている．ただし，タングステンも高温で徐々に蒸発し，電球の内側に付着してガラスが黒くなり，やがてフィラメントが切れて寿命を迎える．

さらに長寿命で輝度の高い白熱電球として，ハロゲンランプがある．ハロゲンランプはタングステンをフィラメントとし，ランプの中にアルゴンガスと少量のハロゲン（ヨウ素Iなど）を封入したものである．ハロゲンランプでは，蒸発したタングステンがハロゲンと結合してハロゲン化タングステン（WI_2）が生成し，タングステンフィラメントの所でWとI_2に解離する．このサイクル（$W+I_2 \rightarrow WI_2 \rightarrow W+I_2$）はハロゲンサイクルとよばれ，このサイクルによって蒸発したタングステンがフィラメントの所で再生される．したがってこのハロゲンランプは，ガラス内面の黒化の問題もなく，輝度が高くて長寿命のため，照明や分光学実験の光源として使われている．

白熱電球のタングステンフィラメントは，黒というより金属光沢を示すので，放射エネルギーの量は黒体の数分の一の比率になる．しかし可視領域でその比率はほぼ一定なので，スペクトル形状としては黒体放射とそれほど違わない．ただし，長波長にいくほど吸収率が（放射率）下がってくる傾向があるので，フィラメントの実際の温度より若干高温の黒体スペクトルに近くなる．一般に，フィラメントのある温度のスペクトルを，黒体のある温度のスペクトルに対応させ，そのときの黒体温度をフィラメントの「色温度」という．

3.3 蛍光灯からLEDまで

3.3.1 蛍光灯のしくみ

人類は太陽光の下に生まれたので，可視領域のあらゆる波長の光を含む太陽の光を白，すなわち無彩色と感じるようになったと考えられる．そして，そこからのスペクトルのズレを色と感じるのである．

図3.2に代表的な照明のスペクトルを自然光（太陽光）と比較して示す．白熱灯のスペクトルを見ると，太陽光に比べてピークが長波長側に移動しているので，白熱灯の色はいわゆる「電球色」で，やや黄色みがかって見える．

白熱電球はエジソンの発明以来，照明の主役であったが，投入した電力の

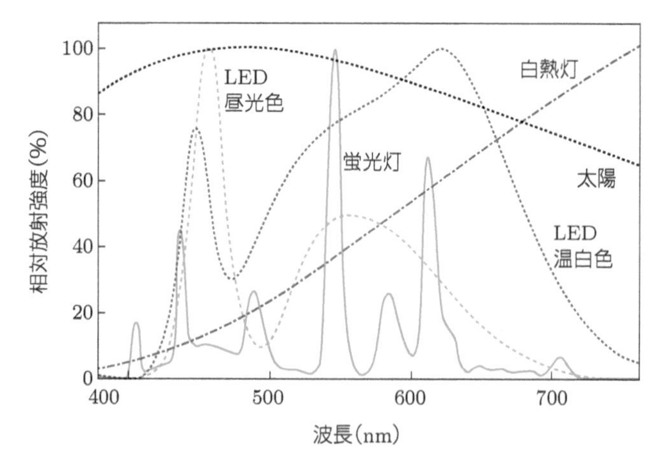

図 3.2　LED ランプ（昼光色），LED ランプ（温白色），蛍光灯（三波長型白色）のスペクトル．比較のために，太陽光と白熱灯のスペクトルを 6,000 K と 2,800 K の黒体放射で近似して図示している（パナソニックのランプカタログ（2022 年版）を一部改変）．

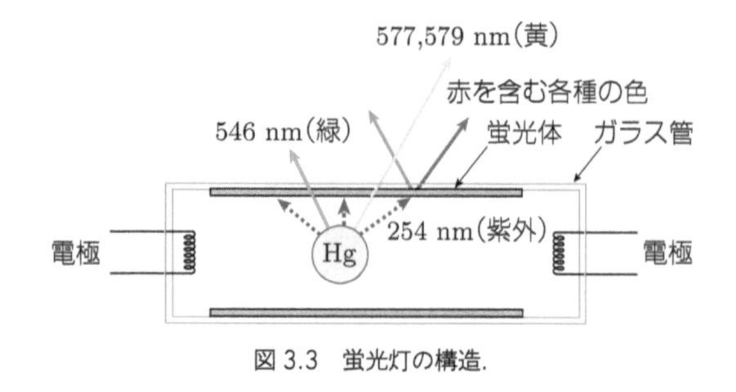

図 3.3　蛍光灯の構造．

わずか 10% 程度しか可視光に変換されないという効率の低さが問題であった．それが 1938 年，GE 社によって開発された蛍光灯により，効率が 25% 程度と格段に上がり，オフィスなど室内照明が次第にこれに置き換えられていった．図 3.3 に蛍光灯の構造を模式的に示す．

蛍光灯には水銀が封入されており，電圧によって加速された電子が水銀の蒸気と衝突することにより，水銀原子の電子が高いエネルギーをもつ準位に引き上げられ，その状態から強い紫外線を放出する．この紫外線を管壁に塗られた蛍光物質が吸収し，可視領域の光を放出する．可視領域にある水銀の明るく輝く輝線（514 nm，577 nm など）はそのまま光源の一部として利用される．

第一世代の蛍光灯では，可視光の強度分布をできるだけ太陽光の強度分布に近づけた蛍光体が用いられてきた．第一世代の蛍光灯の代表的な蛍光材料として $Ca_5(PO_4)_3(F, Cl)$ に Sb^{3+}（アンチモンイオン）および Mn^{2+}（マンガンイオン）を添加した材料がよく知られている．480 nm 付近にピークをもつ蛍光は Sb^{3+} からの発光であり，580 nm 付近の蛍光は Mn^{2+} からの発光である．添加する Sb^{3+} および Mn^{2+} の割合を変えることにより色調を変えることができる．

一方，1977 年に開発された第二世代の三波長型蛍光灯は，眼の錐体細胞の感度に合わせた蛍光材料を用いており，赤色領域，緑色領域および青色領域に幅の狭い発光スペクトルをもつ．蛍光材料には酸化物を母体として，450 nm 付近に発光ピークをもつ Eu^{2+}（ユウロピウムイオン），540 nm 付近に発光ピークをもつ Tb^{3+}（テルビウムイオン），610 nm 付近に発光ピークをもつ Eu^{3+} が添加されている．なお，植物育成用の蛍光灯では，緑色領域の光は光合成には用いられないため，青色領域と赤色領域で発光するように希土類イオンが調節されている．

図 3.2 を見てわかるとおり，蛍光灯の白色に含まれる色の分布は太陽光とは大きく異なり，太陽光の代替になるとはとても言えない．それでも一応「白色」と認識されるのは，ヒトの目が分光感度の異なる 3 種類の視覚細胞に入る信号の大きさの比率で色を判断していて，スペクトルの細かい凹凸は識別できないからである．カラーテレビや PC 用ディスプレイのバックライトとして使う場合にはあまり問題はないが，このようなスペクトルに凹凸のある光を使うと物質固有の光吸収スペクトルとのマッチングで，異なる色に見えてしまうことがある．有名な例としては，宝石のアレキサンドライト（$BeAl_2O_4:Cr^{3+}$）がある．この宝石は太陽光のもとでは青緑色に見えるが，白熱電球やロウソクの明かりのもとでは鮮やかな赤色になる．また，食べ物を例にとると，太陽光や暖色系の照明のもとでは美味しそうに見えても，蛍光灯の下では美味しそうに見えない食べ物があることはよく知られている．

3.3.2 LED のしくみ

蛍光灯の時代も長かったが，2000 年代に入ってから，照明用光源として LED（Light Emitting Diode; 発光ダイオード）が急速に普及し始めた．LED は基本的にダイオードのバンドギャップ（8.3 節を参照）の大きさで発光波長が決まってしまうので，白色光源として利用するには工夫が必要で

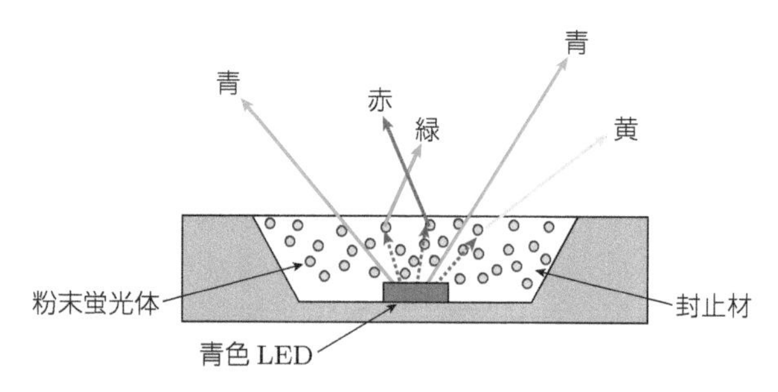

図 3.4 白色 LED の構造．典型的なサイズは数 mm 程度で，電球型の LED ランプでは必要な光束を得るために内部に多数の素子が並べられている．

ある．白色を得る方式として，①R（赤），G（緑），B（青）の 3 つの LED を使うもの，②紫外 LED から蛍光体を使って R, G, B を含む幅の広い発光スペクトルを得るもの，③青色 LED の青色を蛍光体で変換した波長の長い光を添加して白色にするものの 3 種類がある．

その中で，現在最も一般的に採用されている方式である③の構造を図 3.4 に示す．電気エネルギーはまず，窒化物をベースとする青色 LED によって波長約 450 nm の青色の光に変換される．図 3.2 では高いピークとして現れている．これを封止材の中に練り込まれた粉末状の蛍光体に当てて他の色に変換して補填することにより，白色を実現している．

初期には蛍光体として YAG（Yttrium Aluminum Garnet, $Y_3Al_5O_{12}$）: Ce^{3+}（黄色）のみが使われたが，YAG 結晶に Gd^{3+}（ガドリニウムイオン），Tb^{3+}（テルビウムイオン），Lu^{3+}（ルテチウムイオン），Ga^{3+}（ガリウムイオン）などを混ぜることで発光のピーク波長を変化させ，可視領域をかなり幅広く網羅することができるようになった．

さらに最近では，酸窒化物：Eu^{2+}（緑），窒化物：Eu^{2+}（赤）などの蛍光体を加えることで可視領域全体を滑らかに覆うようにスペクトルを構成し，より演色性の高い白色を実現したものもある[7]．図 3.2 の「LED 昼光色」は，一般的な白色 LED のスペクトルで，青色 LED のピークと黄色を中心とする蛍光体のスペクトルから成り立っている．これに対して「LED 温白色」では，長波長領域のスペクトルが大幅に改善されており，450 nm のピークは相対的に低くなり，白熱灯に近いスペクトルになっている．

蛍光体でエネルギーの低い光子に変換する段階で，余ったエネルギーは熱になってしまうが，それでも総合的に 40～50% 程度の変換効率を実現しているのは蛍光灯と比較しても大きな進歩と言うべきであろう．蛍光灯および LED いずれの場合も，蛍光体が重要な役割を担っている．その理由は，母体になる結晶と希土類イオンや遷移金属イオンなどの添加物を組み合わせることで，いろいろな波長の光を発する材料を設計できるからである．その原理については，第 7 章で詳しく解説しているので，参照されたい．

コラム 3.1 熱放射光源の逆襲

エネルギー変換効率の観点から，高温の物体からの黒体輻射よりも優れた光源が次々に登場したことを述べてきたが，高温物体からの熱放射による照明でも，高効率を実現することが原理的には可能であり，蛍光灯程度の効率なら実現可能であろうという研究報告がある[8)]．

高温の物体が真空中に置かれていて，熱伝導による室温部分への熱の逃げが非常に小さい場合，熱エネルギーは光（電磁波）を使って逃げるしかない．白熱電球で損失が大きいのは赤外領域での放射（逃げ）が多いからである．もしそうならば，赤外領域での放射率をゼロにしてしまえば，放射エネルギーは可視より短波長にのみ出ることになり，電力から可視光への変換効率は 100% に近くなると予想される（熱伝導その他の損失を考えても 90% 程度）．

放射率，つまり吸収率のスペクトルを制御することは，金属表面にナノスケールの構造を作るとか，誘電体多層膜を使うことで可能である．タングステンの表面に周期的な微細構造を作ることで，電磁波を共鳴させ，特定波長の放射率を増強できたという報告もある．実際に高融点の物質に加工を施すことは簡単ではないが，微細構造における表面プラズモン共鳴という方法を使えば，かなり狭い波長領域のみに放射率を制限することも原理的には可能である．なお，表面プラズモン共鳴については，第 9 章で詳しく解説しているので参照されたい．

また後者の技術（誘電体多層膜ミラーの製作技術）を使えば，ある特定の波長領域で放射率が 1% を遥かに下回る表面を作ることは比較的簡単である．ただし，3,000 K の物体から放射されるエネルギーの大部分を抑えるためには 800 nm～10 μm という非常に広範囲の赤外線に対して，低い放射率を実現する必要があり，また 3,000 K という高温に耐える材料を用いる必要があるので，まだ実現はしていない．

第4章

空は青いのに，夕焼けはなぜ赤い?—光の回折と散乱

物に色がついて見えるのは，多くの場合，白色光の中の特定の波長の光が物に吸収され，残った光が目に入るからであるが，光を吸収しない透明な物質でも色を出現させることは可能である．例えば，小さい穴を抜けてきた太陽光をガラス製のプリズムに当ててその透過光を壁に投影すると，紫，青，緑，赤といろいろな色が現れるというニュートンのプリズム実験が有名である．文豪ゲーテもプリズムから現われる色と光の不思議に魅せられ，『色彩論』を著した[1]．身近な例としては，雨上がりの空に現れる虹や，七変化するシャボン玉の色がある．前者は反射と屈折，後者は反射と干渉による現象である．また，空の青色や夕焼けの赤色は光の散乱現象であり，ある種の蝶の羽根の青色光沢は鱗粉による光の回折現象であり，これらは構造色とよばれる．第4章では，光の回折や散乱によって現れるさまざまな発色について紹介する．

4.1 虹の色とシャボン玉の色

4.1.1 虹の色のしくみ

図4.1は夕方に現れた虹の写真である．この写真には，内側の主虹(しゅにじ)と外側の副虹(ふくにじ)が写っている．ここでは最初に，日没近くに観測者の背後から太陽光がほぼ水平に射している状況を考え，最も頻繁に見られる1次の虹（主虹）が見える原理について説明する．図4.2(c)はそのとき観測者の目に入る虹の概形を，図4.2（a）は雨滴における光の屈折と反射の様子を示している．

図4.2(a)では，球形の雨粒に左側から水平に白色の光が入射している．入射した光は水滴の表面で1回屈折して内部に入り，裏面に当たった光の一

図 4.1　虹に現れる主虹と副虹.

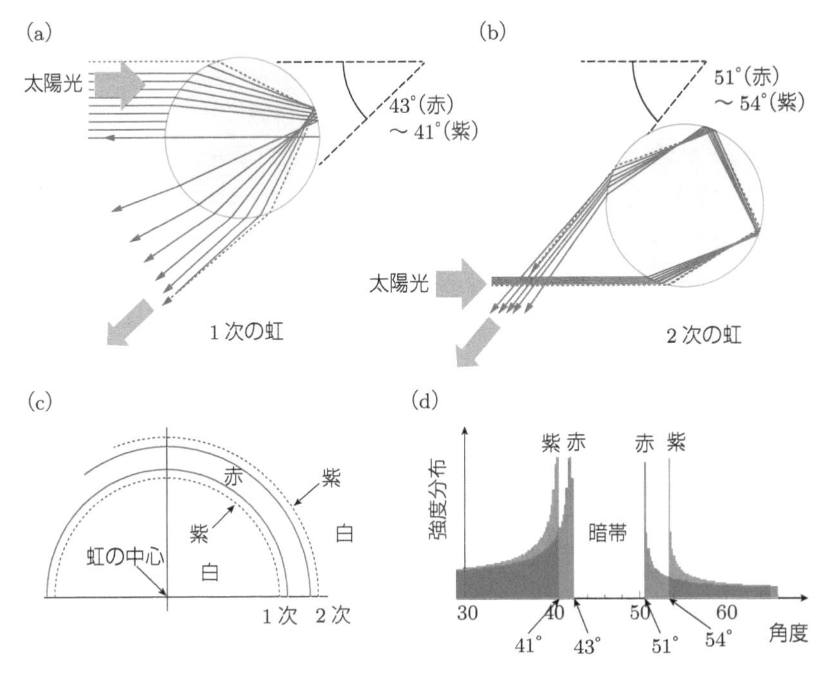

図 4.2　虹の原理　(a) 1 次の虹（主虹）の光路，(b) 2 次の虹（副虹）の光路．(c) 太陽が地平線近くにあるときに地上から見た 1 次と 2 次の虹．円弧の間隔は，見やすくするために計算値よりやや大きめに描いている．(d) 1 次と 2 次の虹における赤と紫の強度分布．

部が1回反射されて向きが反転し，再び表面で屈折して水滴の外に出る．これが斜め下方向に進んで観測者の目に届き，虹として見えるのである．

しかし，この図を見てわかるとおり，光線の当たる位置によって，戻っていく方向は異なり，赤い光は0～43°のどの方向へも飛んでいく．それではなぜ43°という特定の方向に赤色が見えるのであろうか．これを理解するためには，雨粒のいろいろな位置に入射する光線の光路をすべて調べてみる必要がある．

ここでは簡単のために，紙面に垂直に軸をもつ円柱を仮定して説明する．

太陽光は球体に均等な密度で降り注いでいるはずであるから，上半球に入射する光線を図4.2(a)では等間隔の平行線で表してある．それぞれがたどる軌跡を見ると，入射光が球体の中心を通るときには入射した方向に戻っていくが，入射点が球体の端に近づくにつれて，戻りの光線は大きな角度をもつようになり，上端ぎりぎり（半径の0.86倍程度）のときには43°の角度をもって出ていく．しかし，それよりさらにふちに近づくと逆に角度は小さくなっていく．そして，43°付近では多くの光線が束になってほぼ同じ方向に向かって出ていくことがわかる．

1次の虹の場合は，どこに入射しても43°より大きい角度で出ていく光線はない．戻り角度に対して強度（単位角度当たりの光の量）を計算すると，図4.2(d)のように43°にピークをもち，それより内側ではそれなりに戻りの光があるが，それより外側ではゼロであることがわかる．水の屈折率（約1.33）は赤に比べて紫では0.005ほど大きいので，その違いによって屈折角に差が生じ，ピークの現れる角度の違いになる．角度は赤，橙，黄，緑，青と波長の減少に伴って次第に小さくなり，紫色は41°付近にピークをもつ．

赤い光線の密度が最大となる43°付近には，それより波長の短い光は来ないので，純色に近い赤色が見えるが，その内側に並ぶ橙，緑，青，紫はそれぞれより長い波長の成分も含むので，白味を帯び，彩度の低い色となる．したがって紫の帯は見えづらいのである．角度ゼロの近く（虹の中心）では，各色が均等に混ざっているので，白っぽく見える．一方，43°以上にはいかなる波長の光も戻っていかないので，暗く見える．

条件が良いと1次の虹の外側にもう1つ色の順序が反転した虹が見えることがある．これは図4.2(b)に示すように，球体の下端に近い所に入射して水滴内で2回反射して戻っていくものであり，2次の虹（副虹）とよばれる．この場合も理屈はほぼ同じで，赤い光線が 51° 付近，紫の光線が 54°付近に束になって戻ってくるので，赤や紫の色が認識される．そして，各色が重なっている 54° より外側はほんの少し白っぽく見える．一方で，43° ～51 ° の範囲は 1 次，2 次いずれの虹の成分もないので，本来の背景の空からの光だけが目に届くことになり，相対的に暗く見える．これはアレキサンダーの暗帯と名付けられている（ローマ帝国時代の哲学者アフロディシアスのアレクサンドロスにちなむ）[2]．計算上は，水滴内で 3 回，4 回，…と反射してから出ていく光線もあるが，実際に見えることはほとんどない．

4.1.2 シャボン玉の色のしくみ

シャボン玉は非常に薄い水の膜で作られた球殻である．表面張力により表面積をなるべく小さくしようという力が働くために球形になる．雨粒との違いは中が中空であることである．

まず左側から平行光線が当たっているとき，どのような反射光が現れるか考えてみよう．水の屈折率は 1.33 で，これに対応する反射率は垂直入射光に対して 2% ほどと非常に小さく，表裏を合わせても 4% である．したがって，ほとんどの光は素通りするが，内面で何回か反射した後に元来た方向へ帰っていく光線もある．図 4.3 には，2～5 回反射して戻ってくる光路が描

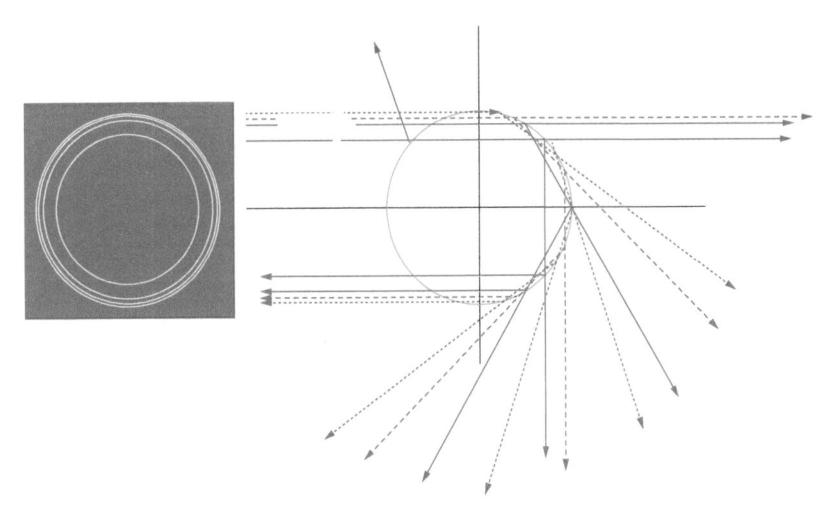

図 4.3　シャボン玉からの反射光．(a) 光の入射方向から見たときに見えるリング．(b) 内面で反射して戻っていく光の行路．

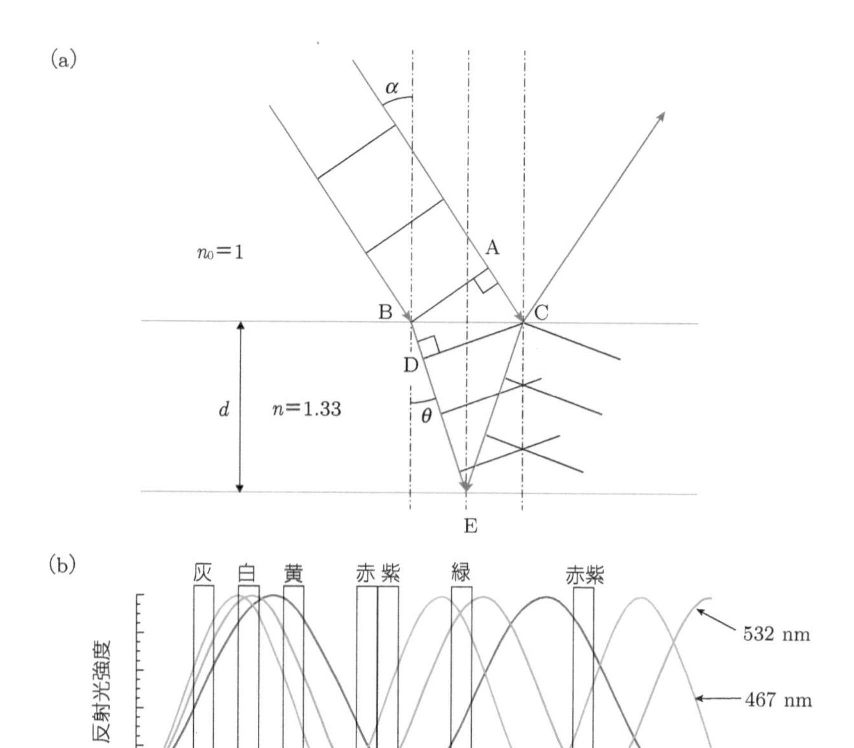

図 4.4　シャボン玉の色が見える原理.

かれている．回数が多いほど戻りの光線はふちに近づく．これを光源側から見ると，ふち近くに多数の同心円が見える．これだけでもシャボン玉らしい印象を与えるが，それより特徴的なのは反射光の色である．

これを理解するためには，いままでの幾何光学的な考察だけでは不十分で，光の干渉効果を考える必要がある．図 4.3 に 1 つだけ例を示したが，球殻の中に入らずに反射する成分がある．この反射の様子を示したのが図 4.4 (a) である[3]．膜の厚み d は 1 ミクロン程度と非常に薄く，これを拡大すると平行な平板とみなすことができる．ここに α の角度をもって入射する光線を考えよう．水は空気より屈折率が大きいので，B 点を通過した光は図のようにやや垂直に近づく方向に屈折し，裏面の E 点で反射して C 点で表面に戻り，再び屈折して外へ出ていく．波面 AB が進行し，波面の A の部分が C 点に来たときに，B の波面はすでに水膜の中 D 点にある．この波面 CD が E で反射されて C に到達したときに，空気中を通って A から直接 C 点に到達した波と位相が合っていれば，波は強め合い，強い反射光が観測される．これが干渉効果である．DEC の経路に光の波が（整数 − 1/2）個入るときに，この条件は満たされる．− 1/2 の項が付くのは，屈折率の高い物質の表面（C 点）での反射において位相が 180° ずれるからである．

ここで，幾何学的考察により，

$$2nd\cos\theta = \lambda\left(m - \frac{1}{2}\right) \qquad m = \text{整数} \tag{4.1}$$

という関係式が得られる．ここで n は水の屈折率，λ は空気中での波長，θ は内部での反射角である．この式を見ると，ある特定の波長の光のみが干渉条件を満たし，強く反射される．すなわち，その波長の色が現れると予想される．しかし，後ほど説明するように事情はそれほど単純ではない．

ちなみに，右辺が λm になる場合（位相が 180° ずれている場合）は，波が打ち消しあって反射波は全く見えなくなる．斜め入射の場合は，図 4.4 (a) のように，垂直入射の場合に比べて光路長が増えるので，実効的に膜を厚く感じると思いたくなるが，実際には式 (4.1) からわかるように膜厚が薄くなったかのように見えることに注意しよう．

さて，ここで垂直入射について，どんな色の反射が見えるかを考えてみよう．図 4.4 (b) に 467 nm（青），532 nm（緑），635 nm（赤）の光に対して，干渉効果を考慮したときの反射率を厚みの関数として示す．すべて厚みゼロの位置を原点とする余弦関数として表されるが，その周期が波長によって異なる．厚みがゼロのときはすべての波長で反射はないが，厚みを変えていったときに，3 つの色の強度比が複雑に変化していくことがわかるであろう．この混じり方によって色合いが変わってくるのである．例えば 220 nm 付近では 467 nm の光の強度が他の 2 つに比べて非常に大きいので，紫色に見える．140 nm 付近では，467 nm の紫色の成分が少なくなるので，その補色として黄色が見える．同じような考察から，膜厚を 300 nm から減らしていくと，緑，紫，赤，黄，白と並び，50 nm 以下になるとすべての強度が急速に減少していくので，青灰色から灰色を経て，ついになにも見えなくなる．すなわち，膜の存在自体が認識できなくなるのである．虹の場合は色が波長の順に色が並んでいたが，シャボン玉では並び方が素直でない所がおもしろ

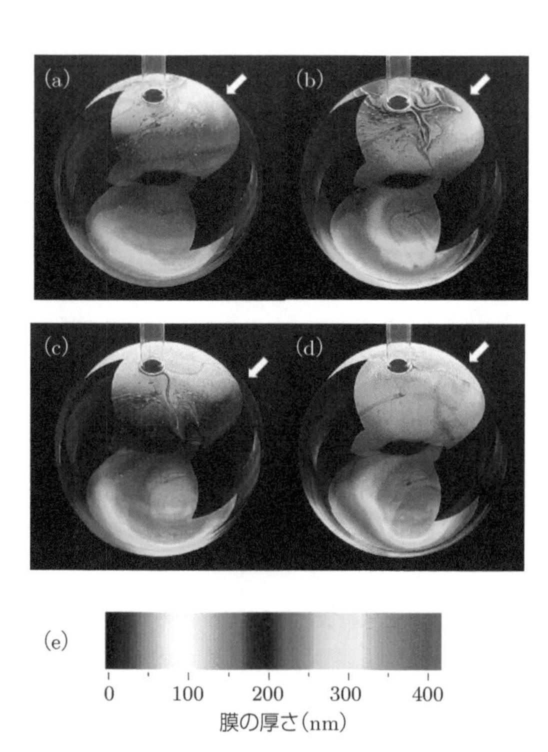

図 4.5　シャボン玉の色の変化．(a) から (d) へと時間の経過とともにセッケン水膜が薄くなり，色が変化していく．(e) は図 4.4 から計算した垂直入射の場合の色の膜厚依存性である．

い．この色の変化は，水分が次第に蒸発して膜が薄くなっていく過程を注意深く観察していると追いかけることができる．

図 4.5 はシャボン玉の色の時間変化を示している．矢印の箇所に注目して，(a) から (d) へと見ていくと，時間の経過とともに，色が黄色，水色，茶色，白と変化していく様子がわかる．(e) は図 4.4 から計算した垂直入射の場合の色の膜厚依存性である．色の比較より，矢印の位置での膜の厚さは，(a) 320 nm，(b) 250 nm，(c) 160 nm，(d) 100 nm と推定される．この写真ではシャボン玉の表面を少し斜めに見ているので，実際の厚みはもう少し厚い．常に北極（上端部分）のほうが薄いので，赤道から北極に向かって膜は薄くなっている．したがって，色の膜厚依存性は，経線に沿って見ていくことで，たどることができる．なお，南半球には，それ自身の干渉の色と，北半球の干渉色の反射が重なって見えている．

シャボン玉の色でもう 1 つ特徴的なのは，色合いとその濃さが同心円状に分布し，ふちに近づくに従って変化していくことである．もう一度式 (4.1) を見てみると，θ の変化でも干渉の条件が変わっていくことがわかる．入射角 α が 0°（垂直入射）から 90° まで変化すると，内部角 θ は 0° から 49° まで変化し，斜め入射の極限では厚みが 2/3 くらい薄くなったときに相当する色が見えてくることになる．例えば膜厚が 220 nm のとき垂直入射で紫色が見えるが，膜厚を変えずに入射光線を傾けていくと赤から黄へと変化していく．また，ふち近くでは，非常に斜めに入射する光の反射を見るので，反射率が 2% よりはずいぶん大きくなり，色がはっきり見えるという効果もある．図 4.3 で説明した同心円のパターンは内面での反射であるが，同様に干渉効果があり，反射の次数に応じて色合いが違っているはずである．こういうことも考えながら，一度童心に帰ってシャボン玉遊びに興じてみてはいかがであろうか．

4.2 光の散乱と空の色

青い空を見るとなぜか心も晴れ晴れとするが，そこに浮かぶ白い雲があってこそ，空の青も引き立つ．また，夕暮れ時の時々刻々移り変わる不思議な色合いは [1)]，我々に感傷的な思いをよびさまさせる．これら空に現れる色は，ほとんどが光の散乱現象に起因するものであり，レイリー散乱とミー散乱によって理解することができる．

4.2.1　空が青く，夕焼けが赤い理由

レイリー散乱は，英国の物理学者レイリーによって研究されたので，この名称が与えられている．光が，雨粒のような，波長に比べて非常に大きな粒子に当たったときの振る舞いは，虹の項で説明したように幾何光学によって理解される．

逆の極限として，波長より十分に小さい（例えば波長の 1/10）微粒子に光が当たるとどのような現象が生じるだろうか．例えば大気を構成している窒素分子，酸素分子の大きさは 1 nm 以下で，十分にこの条件を満たしているので，この理論が使える．図 4.6 に示すように，小さな散乱体に紙面に平行に偏光した光が当たり，光の振動数で振動する電場が分子に加わると，その中の電子が力を受けて分極を起こす．分極の方向が変わるたびに電流が流

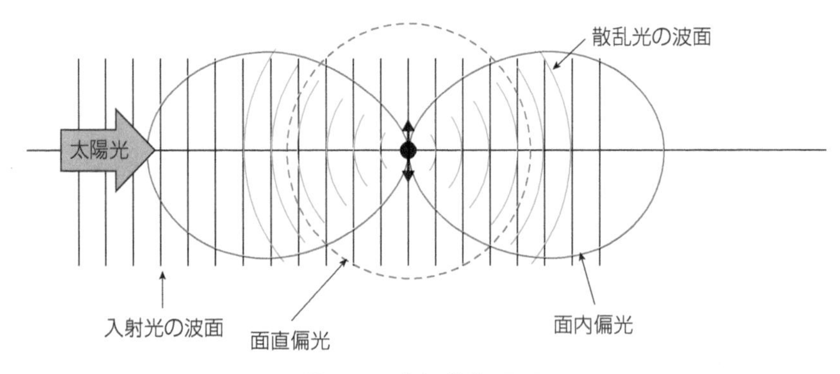

図 4.6　レイリー散乱の原理.

れるので，無線のアンテナと同じ原理で，そこから新たに同心円状に電磁波が放出される．光は横波なので，電流に対して垂直方向には強い電磁波が放出されるが，平行方向には全く放射されない．結果として，図 4.6 の赤実線で示したような 8 の字型の放射パターンが得られる．ちなみに，紙面に垂直に偏光した光が照射された場合は，どの方向へも均等に光が放射されるので，放射パターンは破線で示したような円形になる．太陽光は両方の偏光成分を含んでいるので，我々は 2 つの放射の和を見ていることになる．

さて，これで空気の分子からの散乱光が目に入ることはわかったが，次の問題はなぜ青く見えるかである．窒素分子や酸素分子は可視領域には吸収がなく透明であるが，強く拘束された電子をもっている．

非常に強く拘束された電子が光の電場によって強制的に振動させられた場合，電子の変位は電場の振動数には依存せず，振幅（電場の強さ）に比例する．したがって，電子が運動するときその加速度に比例した電場が波として放射されるという法則に従えば，放射される電磁波の電場の振幅は振動数の 2 乗に比例することになる．電磁波のエネルギーは振幅の 2 乗に比例するので，つまり散乱強度は振動数の 4 乗に比例（波長の逆数の 4 乗に比例）するわけで，450 nm の青は 640 nm の赤に比べて 4 倍も散乱されやすいということになる（$(1/450)^4 : (1/640)^4 \fallingdotseq 4.1 : 1$）．したがって，空からの散乱光は短波長成分が多くなり，青く見えるのである．逆に青い光を削られた太陽の光は 6,000 K の黒体放射よりやや黄色みを帯びる（図 3.1 参照）．

太陽が地平線に沈むころになると，太陽光は大気を斜めに通過するためにその距離は非常に長くなり，レイリー散乱の効果が増大し，青から緑までの成分が大きく削られて，結果として太陽は赤く見える．この場合，太陽光が高度の低い位置も通過するので，窒素分子や酸素分子だけではなく，大気中を浮遊する塵埃（じんあい）も散乱体になっていて，赤い色が強調されていると考えられている．その赤色が雲に映れば夕焼けとなる．

コラム 4.1　ハイディンガーのブラシ

レイリー散乱による散乱光が偏光していることは図 4.6 で示したが，これを体験するには，図 4.7(a) のように，よく晴れた日に偏光板（または偏光サングラス）を通して，太陽から 90° 位離れた方向の空を見てみると良い．偏光板を回してみると，青空の電場ベクトルの方向が太陽の方向と垂直であることがわかるであろう．これに対して，雲からの散乱光はほとんど偏光していないので，背景の空が暗くなるように偏光板を回すと，白い雲がよりくっきり見えるはずである．

実は偏光板を使わなくても肉眼だけで，空の光が偏向していることを確認する方法がある．よく晴れた日に青空を非常に注意深く見ると，淡い黄色の 8 の字型のパターンが見えることがある．8 の字の伸びた方向に太陽があるはずである．

この現象は，1844 年にオーストリアの物理学者ハイディンガーが鉱物を偏光顕微鏡で観察したときに発見したことから[4)]，ハイディンガーのブラシとよばれている[5)] (ブラシとよばれているのはその境界がぼやけて見えるため)．

図 4.7 (b) のように，まず，やや明るめに均一に照明された白い紙の中にブラシを見つける練習をするとよい．偏光板を通して紙面を見ながら偏光板を回転させると，回転につれて回るごく薄い黄色の 8 の字 (またはダンベル型) が見えるはずである．大きさは視角にして 3° ～5° くらいである．ブラシを空に見つけるためには，首をかしげて見たり，瞬きをして見ると良いかもしれない．

ハイディンガーのブラシの大きさは網膜の中心部にある黄斑の大きさに相当しており，この現象は，黄斑にある色素分子の偏光特性や，色覚細胞の偏光特性に起因すると考えられている．

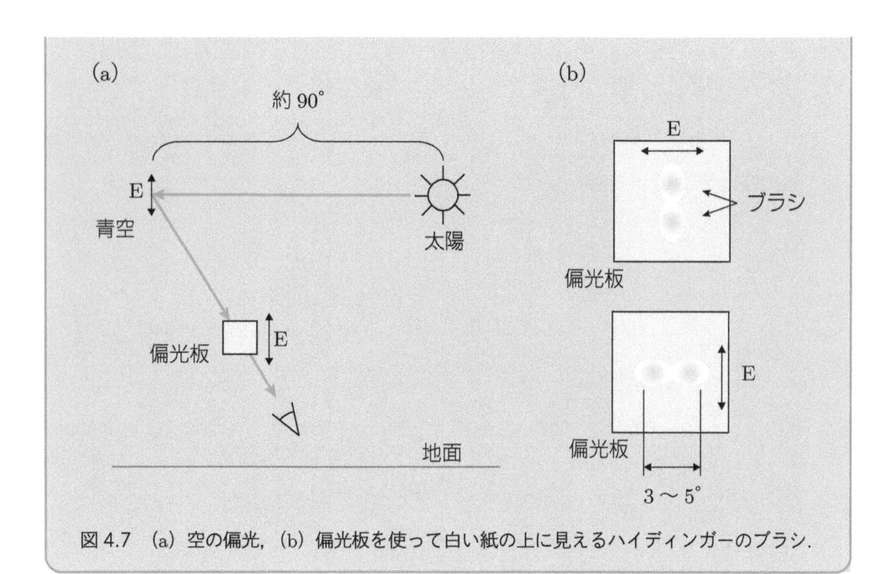

図 4.7 (a) 空の偏光，(b) 偏光板を使って白い紙の上に見えるハイディンガーのブラシ．

コラム 4.2 水はなぜ青く見えるのか？

すでに述べたように，空の青色は大気による光の散乱（レイリー散乱）によって起こる．ちなみに，国際宇宙ステーションから空を眺めると，大気がないため，空は黒い．夕日の場合は，青色領域のレイリー散乱強度は赤色領域の散乱強度に比べて約 1 桁程度強く，結果として赤色領域の光が相対的に強く直進し，夕日は赤く見える．

一方，水は，水分子の分子振動の 4 倍音の波長が可視光の赤色領域に達するために，赤色領域の光が吸収され，青色を呈する．水分子には図 4.8 に示すように 3 種類の振動モードがあり，これらの振動エネルギーは赤外光のエネルギーに相当する．そして 2 倍音，3 倍音の振動モードが強度を減衰させながら赤外領域から可視領域に近づき，4 倍音のエネルギーが赤色領域のエネルギーに達する．水分子の分子振動の 2 倍音，3 倍音，4 倍音の振動モードのスペクトルとその強度を図 4.8 に示す．

また，水分子の水素原子が重水素に置換されると，フックの法則に従って，O–D 伸縮振動の周波数は O–H に対して 1/1.4 程度に低下する．これに伴って軽水における可視領域の吸収帯（4 倍音：$3\nu_1+\nu_3$）などもすべて赤外領域にシフトする．このため重水の吸収が可視領域に達するためにはさらに吸収の弱い5倍音以上の振動になる．このため重水は通常の水と異なりほとんど無色であり，3メートル程度の長さのチューブに入れて観測すると両者の色の違いがわかる．

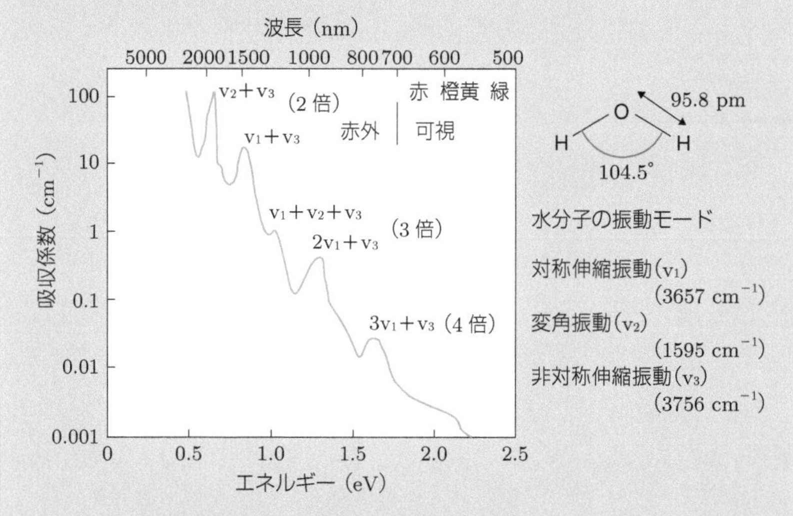

図4.8 水分子の振動モードのエネルギーおよび2倍音，3倍音，4倍音の振動モードの吸収スペクトル．pm＝10^{-12} m (The Physics and Chemistry of Color, K. Nassau, (John Wiley & Sons, 1983), p. 73)．

4.2.2 ミー散乱とはなにか？

雲を作っているのは小さな水滴または氷の粒で，その大きさは数ミクロンから数十ミクロンと言われている．大きい方の水滴を通過する光については，屈折と反射による散乱として，幾何光学的に理解できる．すなわち，すりガラスや砂糖が白く見えるのと同じで，白い雲として見える．しかし，粒子の大きさが光の波長と同程度になると，複雑な振る舞いをする．

1908年，ドイツの物理学者ミーは誘電体微小球による光の散乱を，電磁気学の理論を使って解析した[6]．その結果，散乱光はレイリー散乱のように前後に対称ではなく，前方により強く出てくること，中間のサイズでは方向によって異なる波長の散乱波が強く出ること，粒径が大きくなるにつれて波長依存性は顕著でなくなり，幾何光学の結果と近づいていくことなどを明らかにした．

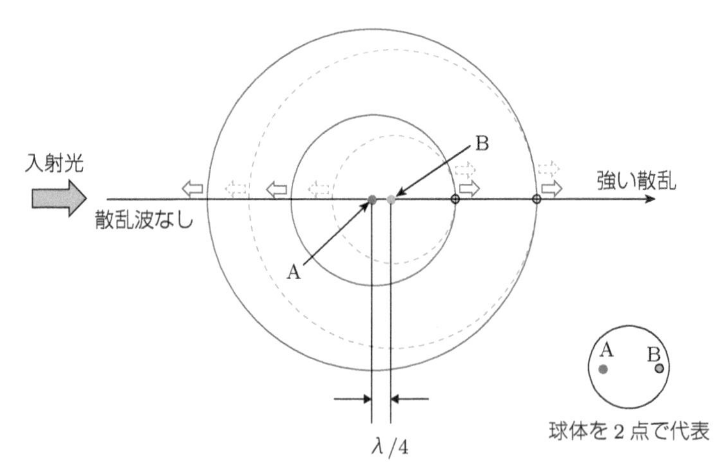

図 4.9　ミー散乱の簡単なモデル．球体を A, B の 2 点で代表する．赤い実線は A 点から，青い破線は B 点からのレイリー散乱の波面を表す．

これらの特徴は，図 4.9 に示すような簡単なモデルを使って定性的に理解することができる．レイリー散乱とミー散乱の違いは，後者の場合，散乱体が有限の大きさをもつために，分極を起こして電磁波を放出するアンテナが 1 つだけでなく，多数並んでいるという点である．それぞれの分極は外から来る光の電場で振動させられるので，微小球の前方と後方では少し位相のずれた振動をしている．観測されるのはそれらを合成した波であるが，それはもはや前方と後方で等価ではない．

この図 4.9 では球体を 2 つの点 A と B で代表し，それぞれからのレイリー散乱を考えている．ここでは簡単のために，AB 間の距離を $\lambda/4$ と設定している．

左側から平行光線が入ってくると，波面はまず A に到達し，ここに同期した分極を誘起する．そうすると，実線で描いたような同心円のレイリー散乱波が放射される．波面がさらに $\lambda/4$ だけ進行し B に達すると，B において同様に分極を誘起し，破線で示したような波を放射する．この間，時間的に $\lambda/4c$ の遅れがあるので，B 点からの波面の広がりは実線の波面より $\lambda/4$ だけ小さい．

前方散乱に着目すると，散乱波面は元々の光と同じ方向へ同じ速度で進んでいくので，右方向では両者は常に重なっている．AB の間隔にかかわらず，前方では必ず波面は重なるので強め合う．

一方，左方向へ進む波面（破線）を見ると，破線はちょうど隣り合う実線の中間に来ている．すなわち A からの散乱の谷の位置に来るので，AB 間の距離が$\lambda/4$のときには，全部を足し合わせると相殺して波は消えてしまう．A, B の間隔次第では，強め合うこともあるが，平均すれば後方散乱が前方散乱より弱くなることは明らかであろう．これでミー散乱の 1 つの特徴が定性的に理解される．

後方散乱の波面の重なり方は，波長が変われば変わってくるので，色が感じられる．また，斜め方向での波面の重なり方も AB 間の距離と波長に依存するので，見る方向によって色が変化することも想像できるであろう．球体内部での位相遅れや球体のすべての点からの散乱を考慮した詳しい解析から，図 4.10 のように特定の方向に特定の波長の光が強く散乱されることが示されている．散乱体のサイズを大きくしていけば，ホイヘンスの原理につながり，やがて幾何光学の世界にたどりつく．

コラム 4.3　ムンクの「叫び」の夕焼けの謎

火山の噴火によって火山灰が成層圏に達すると，夕日や夕焼けが美しくなることはよく知られている．

1883 年 8 月にインドネシアのジャワ島とスマトラ島の間にあるクラカタウ島で，島の大部分が吹き飛ばされる世界最大級の大噴火が起こり，噴火で拡散した火山灰は 3 年以上成層圏を漂い，1886 年頃まで夕日がこの世のものとは思えないほど美しかったと伝えられている．粒子の大きさが光の波長と同程度で均一の場合，ミー散乱により，光の進行方向の散乱が著しく強くなり，また，散乱の角度に依存してさまざまな波長の光が強く散乱される．

米国のオルソンらは天文学雑誌（2004）で，ノルウェーの画家ムンクの有名な絵画「叫び」の背景にある血のように染まった異常な夕焼けについて，興味深い報告を行った．「叫び」が描かれた現地の調査と，英国王立科学協会による 1883 年から 1884 年にかけての異常気象の報告書の分析をしたところ，「叫び」の夕焼けは 1883 年 11 月から 1884 年 2 月の夕焼けであると推測され，しかも，異常に赤く染まった夕焼けは，クラカタウ島の大噴火が引き起こした火山灰によるミー散乱が原因であると結論づけている[7)]．可視光の波長の 2 倍の直径の均一粒子によるミー散乱の模式図を図 4.10 に示す．

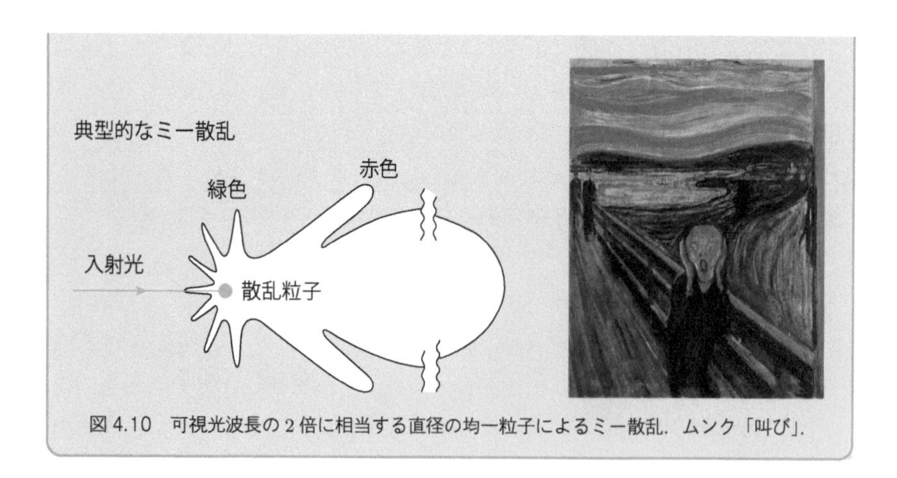

図 4.10　可視光波長の 2 倍に相当する直径の均一粒子によるミー散乱．ムンク「叫び」．

4.3 光沢のある昆虫の翅の不思議

コガネムシやモルフォ蝶の光沢のある翅（はね），クジャクや翡翠（かわせみ）の光沢のある羽根の色はどこから来ているのであろうか？　人々は古くから，これらのハネの美しさに魅せられてきた．実際，法隆寺の「玉虫の厨子」（国宝）には装飾としてタマムシの翅が使われているのは有名である．

これらの美しい光沢の起源を論文として発表した最初の科学者は，光の速度を精密に測定して 1908 年にノーベル物理学賞を受賞したマイケルソンであった．マイケルソンは 1911 年，昆虫や蝶などの美しい光沢は，翅の組織

図 4.11　モルフォ蝶（ガイアナ産）の青色光沢．鱗粉の周期構造と光の波長の干渉作用により，青色光沢の構造色が発現する．

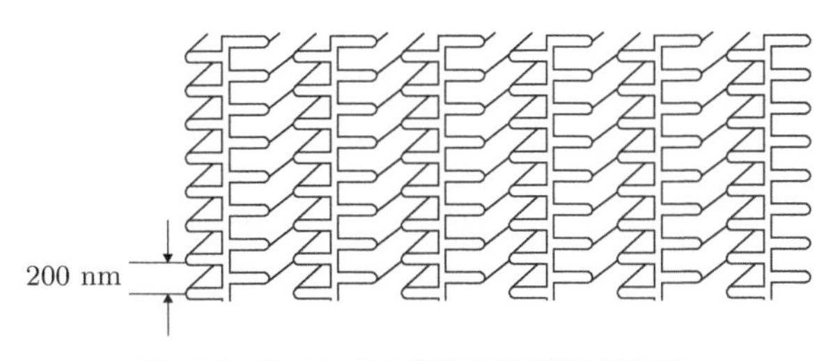

図 4.12　モルフォ蝶の鱗粉の断面構造の概略図.

図 4.13　(a) 左巻き円偏光で眺めたコガネムシ（神奈川県産）の色．左巻き円偏光で構造色による緑色光沢が発現する．(b) 右巻き円偏光で眺めたコガネムシの色．右巻き円偏光では，構造色による光沢が発現しない．

の規則的な配列によるものと報告している[8]．例えば，図 4.11 に示すモルフォ蝶（ガイアナ産）の翅の鱗粉を顕微鏡で観察しても光沢のある青色の色素は存在しない．走査型電子顕微鏡で調べてみると，櫛形（くしがた）の規則正しい構造が観測され，その間隔は約 200 nm である．モルフォ蝶が青く見えるのは，鱗粉の襞（ひだ）と襞の間隔が青色の光の波長の半分に当たる 200 nm になっているためと考えられている．これを実証するため，図 4.12 のようにシリコン基板の上に直径 10 nm ほどの超微細な板状のカーボンを積層させ，襞間隔を 200 nm にすることで，モルフォ蝶と同じ青色光沢が出せたことが報告されている[9]．最近では，微細加工技術を使って車のボディーに構造色によるモルフォブルーが施され，また構造色を施したモルフォブルーの繊維が開発されている[9]．

また，マイケルソンは，コガネムシの翅の組織がらせん状に積層していることに気づき，円偏光による回折がコガネムシの翅の光沢の原因であることを報告している[8]．図 4.13 に示したコガネムシ（神奈川県産）の写真は，

図 4.14　コガネムシの翅の左巻きらせん構造の模式図.

左円偏光および右円偏光で眺めた写真である．コガネムシの翅の組織は左巻きに積層しており，その周期のピッチが左円偏光のピッチと強く干渉して鮮やかな緑色の光沢が現れる．一方，右円偏光は左巻きに積層した翅の構造とは干渉しないため，暗黒色に見える．コガネムシの翅の左巻きらせん構造の模式図を図 4.14 に示す．

第5章 なぜオーロラは極地にしか現れないのか?—原子の色

太陽光をプリズムで分光させて観測すると，連続的な光の帯の中にフラウンホーファー線とよばれる多くの暗線が観測される．これは太陽の中にある元素が光を吸収して励起するためであり，その吸収される光の波長は元素固有である．これを利用したのが原子吸光分析である．また，高温の原子は励起状態から元素固有の輝線を放出して安定な状態（基底状態）に戻るが，強度の強い輝線が炎色反応の色の原因になっている．第5章では原子の発光とその応用について紹介する．

5.1 元素が発する光

夏の風物詩である打ち上げ花火は，さまざまな色や形で演出される．花火の色は炎色反応が用いられており，黒色火薬（黒鉛，硝酸カリウム，硫黄）に，炎色反応を起こす化合物を混ぜた火薬玉が，大玉の中に球状に詰め込まれている．

表5.1に代表的な炎色反応の色および主要な輝線の波長を示す．元素固有の輝線が多数現れるが，特に強い輝線が炎色反応の色の原因になっている．例えば，リチウム（Li）が赤色の炎色反応を示すのは，670.8 nmの強い輝線が原因である．一方，複数の輝線から中間色を示す場合もある．例えば，バリウム（Ba）の場合，青色の強い輝線（455.4 nm, 493.4 nm）と赤色の強い輝線（614.2 nm）が合わさって黄緑色の炎色反応を示す．元素固有の線状の光吸収と発光は裏表の関係にあり，原子吸光分析法，原子発光分析法として元素分析に用いられている．

表 5.1　代表的な炎色反応の元素，炎色反応の色および主要な輝線の波長.

元素名	炎色反応の色	炎色反応の色の原因となる輝線の波長
リチウム（Li）	赤色	670.8 nm
ナトリウム（Na）	黄橙色	589.0 nm, 589.6 nm
カリウム（K）	紫色	448.6 nm, 646.2 nm, 731.9 nm
ルビジウム（Rb）	赤紫色	711.2 nm, 741.5 nm
セシウム（Cs）	青紫色	427.7 nm, 452.6 nm, 460.4 nm
ストロンチウム（Sr）	真紅色	460.7 nm, 640.8 nm, 707.0 nm
バリウム（Ba）	黄緑色	455.4 nm, 493.4 nm, 614.2 nm
銅（Cu）	青緑色	406.2 nm, 465.1 nm, 515.3 nm

5.2 太陽光の中の黒い線

1802 年，英国のウォーラストンは太陽光の中に暗線があることを発見した．その後，1814 年にドイツのフラウンホーファーは，太陽光の中に数百本の暗線を見出し，特に強い暗線を 8 本選び，長波長側から順に A 線，B 線，C 線，…，H 線と名付け，D 線はナトリウムの輝線に対応することを見出

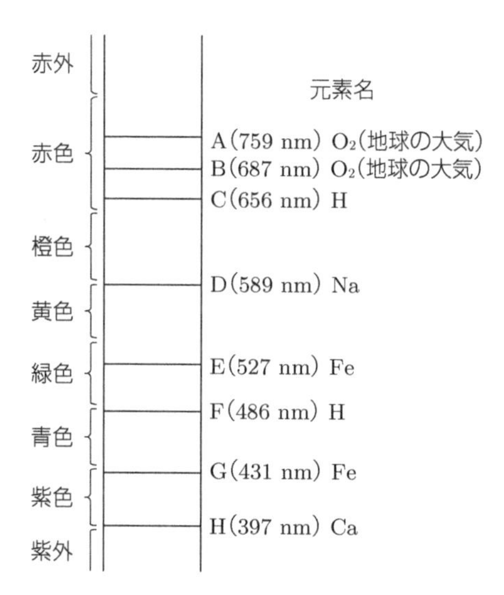

図 5.1　太陽光の中の主要な暗線（フラウンホーファー線）とその名称.

した．これらの暗線は後にフラウンホーファー線と名付けられた．

1850 年代になって，ドイツのキルヒホフとブンゼンは，白色光をナトリウムの炎に透過させて分光すると，白色光が弱いときは吸収よりも発光が支配的となり輝線が現れるが，白色光を強くすると吸収が発光よりも支配的になり輝線から暗線に変化することを発見し，炎色反応の輝線と白色光の中に現れる暗線が，裏表の関係にあることを確認した．そして，太陽光に現れるフラウンホーファー線と元素の対応を明らかにした．また，鉱泉を分光分析してルビジウム（Rb）やセシウム（Cs）などの新元素を発見した．その後，スウェーデンのオングストロームは各元素の輝線の波長のカタログを作成したが，そのカタログに用いられた波長の単位（10^{-8} cm）は Å（オングストローム）として現在も用いられている．

5.3 放電による原子の発光

5.3.1 ガイスラー管のしくみ

装置に真空漏れがあるかどうかを調べる簡便な計測器として，図 5.2 に示すガイスラー管がある．管の両端の電極に 10 kV 程度の電圧をかけ，ポンプで空気を抜いていくと，空気（窒素と酸素）による紫色の放電が起こる．真空漏れがなければ紫色の放電が消えるが，消えなければ真空漏れがあることがわかる．真空漏れの箇所にエタノールを吹き付けると放電の色が白くなる．1857 年にドイツのガイスラーによって考案されたガイスラー管を用いた気体の放電は，ネオン管や蛍光灯の先駆けとなった．気体の圧力の単位として，1 torr = 1 mmHg = 133.3 Pa（パスカル）が用いられ，大気圧は，1 atm = 760 mmHg = 1,013 hPa（ヘクトパスカル）で表される．なお，

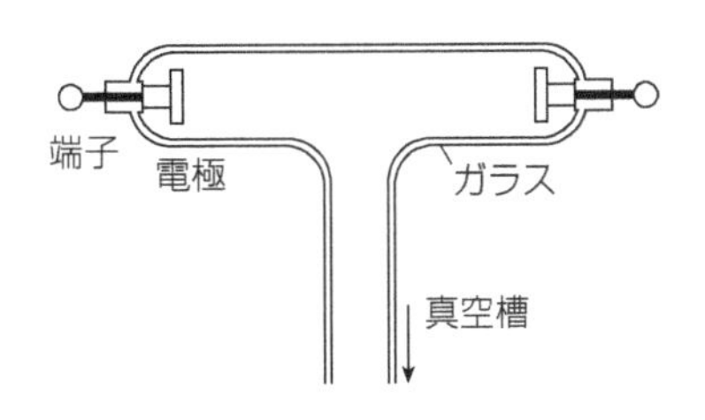

図 5.2　ガイスラー管の模式図．

torr（トール）は，イタリアの物理学者トリチェリの名前にちなむ．

5.3.2 プラズマディスプレイのしくみ

放電管に封入する気体にはネオンなどの貴ガスやナトリウム，水銀などが用いられる．貴ガスの放電発光は，ネオンサインとして長く用いられてきた．ネオンの発光は赤色であるが，貴ガスを封入した管壁に蛍光材料を塗布することによりさまざまな発光色を出すことができる．一方，ナトリウムランプによる橙黄色（589.0 nm, 589.6 nm）の光は長波長のため散乱されにくく，トンネル内の照明などに用いられている．水銀を封入した放電管は強い紫外線（253.7 nm, 297.6 nm, 312.6 nm など）を出すため，管壁に蛍光材料を塗布することにより紫外線を可視光に変換することができ，これを応用したのが蛍光灯（図 3.3 を参照）である．

放電現象がテレビに応用されたのがプラズマディスプレイである．プラズマディスプレイとは，ガラス板の間に封入したキセノンなどの貴ガスに高い電圧をかけ，プラズマ放電によって発生する紫外光を周りに塗布された蛍光物質に吸収させて可視光に変換するディスプレイである．この基本構造は，2 枚のガラス板に縞状の電極をつけ，電極の交差点（セル）で選択的に放電を起こさせて表示を行うものである．パネル形成後，真空排気し 200～300 mmHg の放電用貴ガスを封入する．貴ガス放電に伴って発生する紫外光により，各セルの壁に塗布した 3 種類の蛍光物質から発生する 3 原色の蛍光でフルカラー表示を行っている．

5.4 オーロラのしくみ

5.4.1 なぜ，南極と北極でしかオーロラは発生しないのか？

地球の大気は対流圏，成層圏，電離層，外気圏に分類することができる（図 5.3）．

対流圏の温度分布は，主に地表で吸収された太陽熱が対流で上層に運ばれることによって形成され，高度が高くなるにつれて 6.5°C/km の割合で気温は低下していく．

成層圏では，酸素分子は波長が 130～220 nm の紫外線を吸収して酸素原子に解離し，解離した酸素原子は酸素分子と結合してオゾン（O_3）が生成

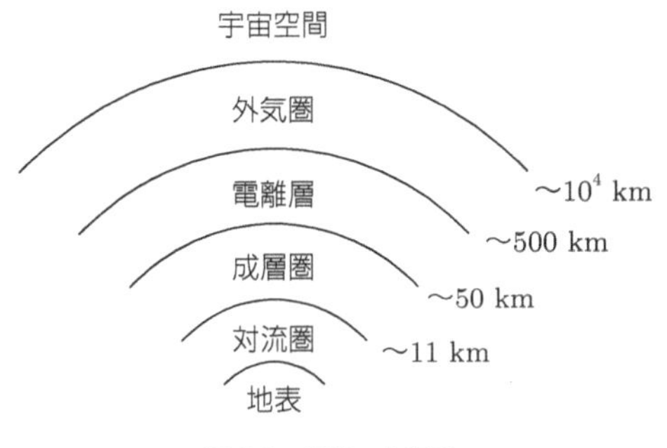

図 5.3　地球の大気圏.

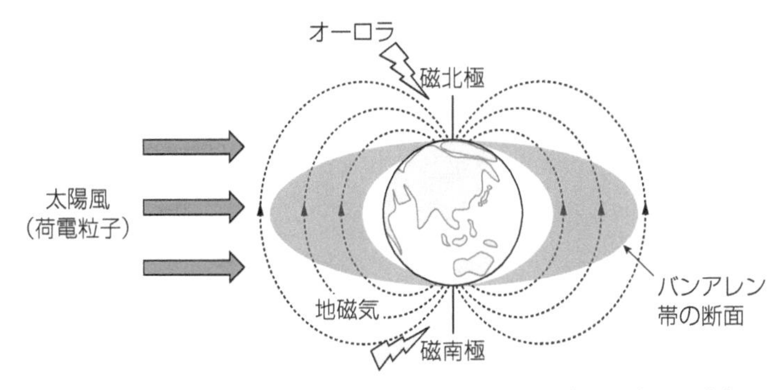

図 5.4　地磁気によって形成されるバンアレン帯とオーロラが現れる極地の模式図.

する. 成層圏の温度分布は, 主に酸素分子の光解離反応やオゾンの分解・再生反応によって決まる. この反応は発熱反応であるため, 成層圏の温度は上層部にいくほど高くなり, 対流は生じない. 成層圏のさらに上では, 酸素原子や窒素原子が高エネルギーの紫外線や X 線を吸収して陽イオンと電子に分離した状態（プラズマ状態）となり, 電離層を形成する.

電離層の外側は外気圏とよばれ, 大気はほとんどなく, 太陽から放射される荷電粒子の太陽風を直接受けることになる. 幸運なことに, 地球には南極から北極に向かう磁力線（地磁気）が存在するため, 地球に降り注ぐ荷電粒子はフレミングの左手の法則により力を受け, 地球の周りに荷電粒子の帯（バンアレン帯）を形成する. この帯が, 危険な太陽風が地上に直接降り注ぐのを防いでいる（図 5.4).

ところが北極圏および南極圏では, 磁力線の方向が地表にほぼ垂直となり, フレミングの左手の法則が成り立たなくなるため, 太陽風が大気圏に入り込み，酸素原子や窒素分子は荷電粒子と衝突することにより高いエネルギー状態（励起状態）になる．この高いエネルギー状態は光を放出して安定な元の酸素原子や窒素原子に戻るが，放出された光がオーロラの起源であり，赤色および緑色のオーロラは高いエネルギー状態の酸素原子から放出された光である．

太陽風の高い運動エネルギーをもつ電子（e^{-*}）と大気との衝突反応を式(5.1) に示す．

$$
\begin{aligned}
N_2 + e^{-*} &\longrightarrow N_2^{+} + 2e^{-} \\
O + e^{-*} &\longrightarrow O^{*} + e^{-}
\end{aligned}
\tag{5.1}
$$

オーロラは，地上から約 80 km～500 km の電離層で現れる．

5.4.2 オーロラの色の起源

オーロラは緑色が赤色の下側に現れる．なぜだろうか．

高度 200 km～500 km の層では，紫外線により酸素分子は酸素原子に解離していて，酸素原子はエネルギーの低い荷電粒子と衝突して第一励起状態に引き上げられ，励起された酸素原子は赤い光を放出して安定な基底状態に戻る．

高度が下がって 100 km～200 km の層では，酸素原子の密度が高く，より高エネルギーの荷電粒子だけが深く侵入することができる．このため 100 km ～ 200 km の層の酸素原子は，高エネルギーの荷電粒子と衝突することにより第二励起状態に引き上げられるが，第二励起状態の酸素原子は，緑色の光を放出して第一励起状態になる．このようにして，緑色のオーロラは赤いオーロラの下側に現れるのである．

さらに高度が下がって 80 km～100 km の層では，酸素原子より重い窒素分子が支配的となる．この層では，高エネルギーの荷電粒子が窒素分子と衝突し，窒素分子は紫外領域の励起状態に引き上げられる．励起状態に引き上げられた窒素分子は，紫色や桃色の光を放出して安定な基底状態に戻る．表 5.2 にオーロラの色と起源および現れる高度を示す．

以上のように，紫色や桃色のオーロラは励起状態にある窒素分子が基底状態に戻る過程で放出された光が起源であり，緑色や赤色のオーロラは，励起状態にある酸素が基底状態に戻る過程で放出された光が起源である[1)]．その

表 5.2　オーロラの色と起源.

地上からの高度	オーロラの色	オーロラの起源
200 km〜500 km	赤色	励起された酸素原子からの発光
100 km〜200 km	緑色	励起された酸素原子からの発光
80 km〜100 km	紫色，桃色	励起された窒素分子からの発光

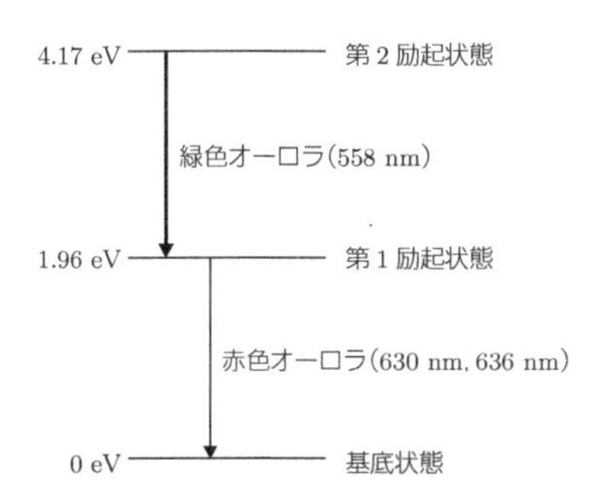

図 5.5　酸素原子の発光が起源の緑色および赤色のオーロラ.

反応過程を式(5.2)に示す．また，励起された酸素原子が原因となる緑色オーロラと赤色オーロラを図 5.5 に示す.

$$N_2^+ + e^{-*} \longrightarrow N_2^* + \text{光}\ (\text{紫色オーロラ})$$
$$N_2^* \longrightarrow N_2 + \text{光}\ (\text{桃色オーロラ})$$
$$O^* \longrightarrow O + \text{光}\ (\text{緑色オーロラ，赤色オーロラ}) \qquad (5.2)$$

コラム 5.1

宇宙膨張の証拠

宇宙望遠鏡ハッブルによる観測結果は，宇宙が膨張していることを示唆するデータであった．観測結果によると，星や銀河の放つ光の波長が長波長側にシフト（赤方偏移）していた[2)]．この赤方偏移は，ドップラー効果によって説明することができる．ドップラー効果とは，例えば近づいてくる列車からの汽笛は高く聞こえ，遠ざかっていく列車からの汽笛は低く聞こえる現象である．光の場合は，ドップラー効果により遠ざかる星の放つ光は赤方偏移する．

ハッブルによる赤方偏移の観測結果は，宇宙は全方向に膨張していることを示していた．このことは，宇宙全体は遠い昔に１点から膨張したことを意味する．

図 5.6 は，可視領域に現れる水素原子のスペクトル（バルマー系列），および光速の 20% の速度で遠ざかる銀河における水素原子のスペクトルの赤方偏移を示したものである．多くの銀河系の赤方偏移が調べられ，遠くの銀河星雲ほど距離に比例して遠ざかっていることがわかっている（ハッブルの法則）．

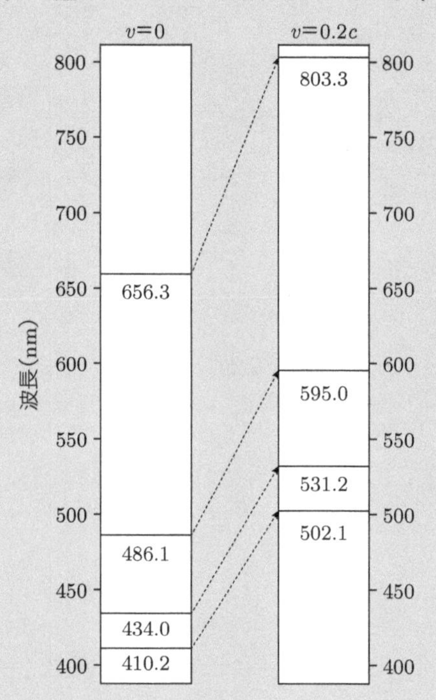

図 5.6　可視領域に現れる水素原子のスペクトル（バルマー系列），および光速の 20% の速度で遠ざかる銀河にある水素原子のスペクトルの赤方偏移.

第6章 ポリアセチレンはなぜ銀白色なのか?—有機物の色の起源

有機物は無色透明なものが多いが，高分子になると発色するものや，温度や酸性度（pH）が変化すると無色から有色になる有機化合物も数多くある．例えばエチレン（C_2H_4）は無色透明の気体であるが，重合したポリアセチレンになると銀白色の金属光沢を示す．またフェノールフタレイン水溶液は酸性側では無色透明であるが，塩基性になると赤色になる．第6章では，有機物のこのような色の起源を紹介する．

6.1 有機物の発色

6.1.1 炭素原子間の結合

炭素原子の化学結合に関係する電子は2s軌道と2p軌道である．ここでは，有機物の構造と性質を支配する有機分子中の炭素原子の軌道について，エチレンを例にとって考えてみよう．

エチレン（$CH_2=CH_2$）は平面構造をとり，炭素原子間は二重結合で結ばれている．炭素原子は，4個の原子軌道 2s, $2p_x$, $2p_y$, $2p_z$ 軌道のうちから3個の原子軌道 2s, $2p_x$, $2p_y$ を組み合わせた軌道（sp^2 混成軌道とよぶ）が形成され，この軌道が炭素原子間および炭素–水素原子間の強い結合（σ 結合とよぶ）の形成に用いられる．一方，σ 結合に使われない $2p_z$ 軌道は，炭素原子間で平行に並んで弱い結合（π 結合とよぶ）を形成する．このようなしくみで，エチレンの炭素原子間の二重結合は σ 結合と π 結合で構成されている．エチレンの炭素原子間および炭素–水素原子間の σ 結合，炭素原子間の π 結合を図6.1に示す．

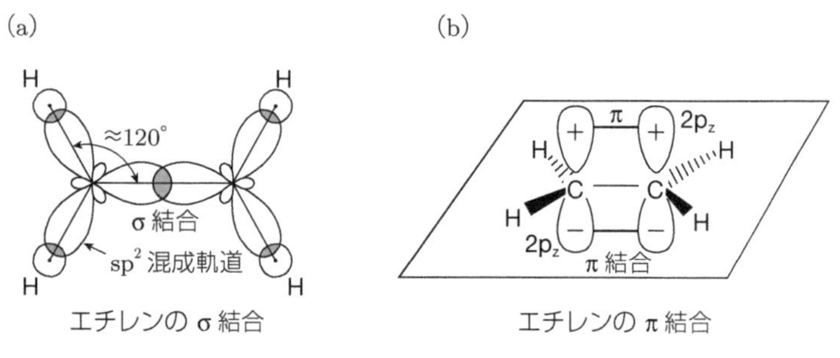

図 6.1 (a) エチレンの炭素原子間および炭素–水素原子間の σ 結合，(b) エチレンの炭素原子間の π 結合．

6.1.2 炭化水素の色の起源

有機化合物の炭素原子間に二重結合や三重結合がある場合，炭素原子間の結合は σ 結合と π 結合で形成されている．原子軌道にはプラスとマイナスの領域があり，隣り合った炭素原子の軌道の符号が互いに同じ符号であればその結合は安定（結合的）であり，互いに逆符号であればその結合は不安定（反結合的）である．

エチレンを例にとると，π 軌道は，同符号の $2p_z$ 軌道同士で作る結合性軌道と，逆符号の $2p_z$ 軌道同士で作る反結合性軌道で形成されている．結合性軌道は 2 個の $2p_z$ 電子で占有されており，電子が詰まった分子軌道の中で最もエネルギーの高い軌道であることから，最高被占軌道（HOMO: highest occupied molecular orbital）とよばれている．一方，反結合性軌道は，電子が占有されていない分子軌道の中で最もエネルギーの低い軌道であることから，最低空軌道（LUMO: lowest unoccupied molecular orbital）という．化学者の福井謙一博士はこの HOMO–LUMO に関する理論（フロンティア軌道理論）で 1981 年にノーベル化学賞を受賞した．

図 6.2 は，エチレン（$CH_2=CH_2$）およびブタジエン（$CH_2=CH-CH=CH_2$）の π 軌道のエネルギーと，各炭素原子の $2p_z$ 軌道の符号を示したものである．これらの分子の電子は，光を吸収してエネルギーの高い軌道に引き上げられるが，電子をエネルギーの高い軌道に引き上げる最低のエネルギーは，HOMO と LUMO のエネルギー差（$\Delta E = E(\mathrm{LUMO}) - E(\mathrm{HOMO})$）に対応している．

ブタジエンの ΔE は，エチレンの ΔE より小さい．ブタジエン（$CH_2=$

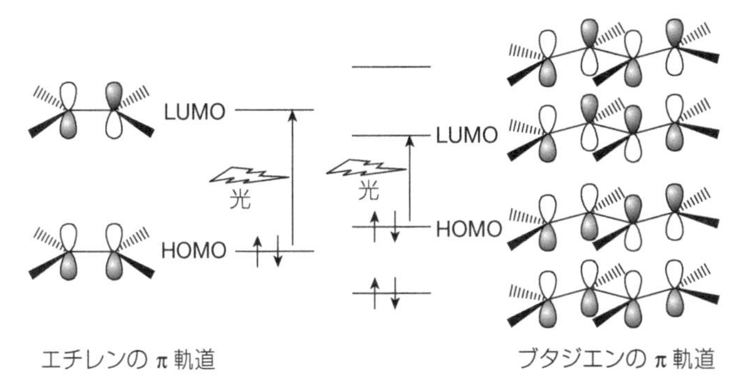

図 6.2　エチレン（$CH_2=CH_2$）およびブタジエン（$CH_2=CH-CH=CH_2$）のπ軌道のエネルギー準位と各炭素原子の $2p_z$ 軌道の位相．$2p_z$ 軌道の白色領域と灰色領域は，それぞれ＋および－の符号を表す．

$CH-CH=CH_2$）のように二重結合と単結合が交互に結合した系では，鎖が長くなるほど HOMO と LUMO のエネルギー差が小さくなり，このエネルギー差に対応する光吸収極大波長は長くなる．表 6.1 は，炭化水素（C_nH_{n+2}）における二重結合の数（m）と，$\Delta E = E\,(\mathrm{LUMO}) - E\,(\mathrm{HOMO})$ に対応する光吸収極大波長の変化を示したものである．二重結合の数 m が 6 までの炭化水素は無色であるが，$m \geqq 8$ になると青色領域の光を吸収するようになる．$m = 8$ では青色の補色である黄色を呈し，$m = 10$ になると橙色を呈するようになる．

さて，二重結合と単結合が交互に結合した系（C_nH_{n+2}）の長さを無限にしていくと，HOMO と LUMO のエネルギー差が無限小になり，やがて金属のような性質をもつようになると予想された．1967 年，白川英樹博士らは，常識を超える高濃度の触媒を用いることにより，触媒の界面で銀色に輝く薄

表 6.1　炭化水素（C_nH_{n+2}）における二重結合の数（m）と HOMO–LUMO 間のエネルギー差に対応する光吸収極大波長と物質の色．

炭素原子の数	二重結合の数（m）	最長波長吸収帯の吸収極大波長（nm）	物質の色
2	1	165	無色
4	2	217	無色
8	4	304	無色
12	6	364	無色
16	8	420	黄色
20	10	450	橙色

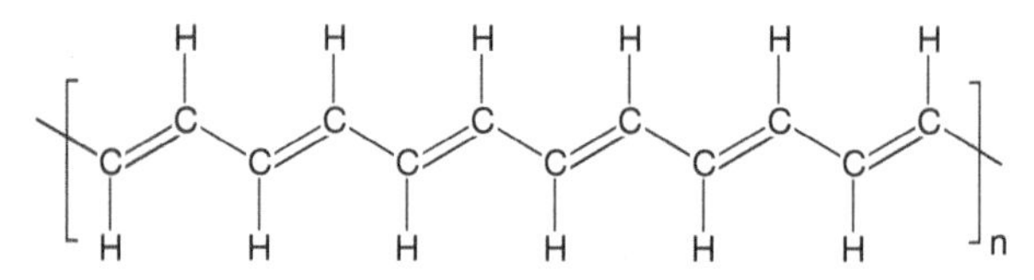

図 6.3　ポリアセチレンの構造.

膜状のポリアセチレンを作製することに偶然成功し，1977 年には，ポリアセチレンにヨウ素などの電子受容体（アクセプター）や，アルカリ金属などの電子供与体（ドナー）を加えることで，金属に匹敵する電気伝導度を示すことを発見した[1]．この発見により，今日の導電性高分子の道が拓かれたのである．白川博士は，ポリアセチレンをはじめとする導電性ポリマーの開発で 2000 年にノーベル化学賞を受賞している．図 6.3 はポリアセチレンの構造である．

6.1.3　フェノールフタレインはなぜ赤くなるのか？

ベンゼンやナフタレンなど芳香族の場合も，炭素原子間の二重結合が増加するにしたがって，HOMO と LUMO のエネルギー差が減少していく．表 6.2 に，芳香族のベンゼン環の数と HOMO–LUMO 間のエネルギー差に対応する光吸収極大波長を示す．ベンゼンからアントラセンまでは無色であるが，テトラセンになると HOMO–LUMO 間のエネルギー差が可視領域（青色）になるため，補色である橙色を呈する．この現象をもとにして，フェノールフタレインの pH に対する色の変化について考えてみることにしよう．

pH 指示薬のフェノールフタレインは酸性側では無色であるが，塩基性側（pH＞8.5）で赤色に変化するということは中学校の理科で習う（塩基性のことをアルカリ性ともいう）．

表 6.2　芳香族のベンゼン環の数と HOMO–LUMO 間のエネルギー差に対応する光吸収極大波長と物質の色.

ベンゼン環の数（n）	名称	最長波長吸収帯の吸収極大波長（nm）	物質の色
1	ベンゼン	255	無色
2	ナフタレン	286	無色
3	アントラセン	375	無色
4	テトラセン	477	橙色

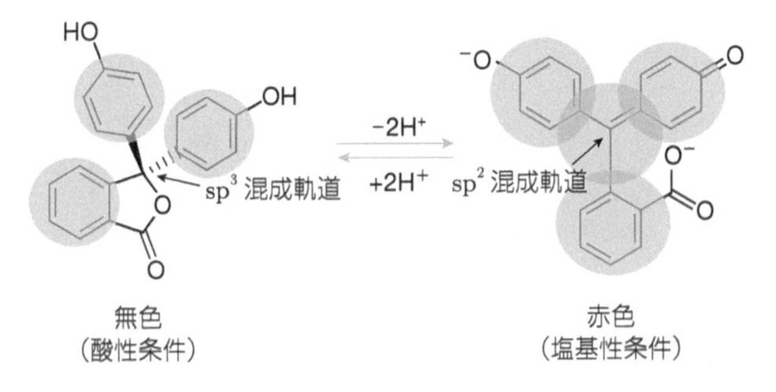

図 6.4　pH の値で変化するフェノールフタレインの分子構造と色変化．赤色の領域は π 電子の広がりを表している．

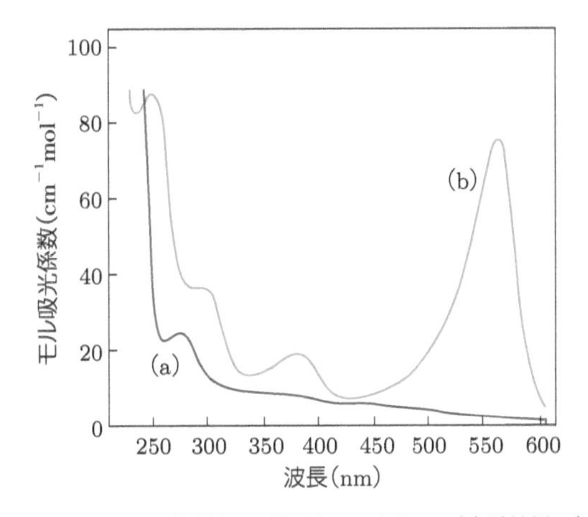

図 6.5　フェノールフタレイン水溶液の可視吸収スペクトル．(a) 酸性側，(b) 塩基性側．

図 6.4 に酸性側と塩基性側におけるフェノールフタレインの分子構造を示す．酸性側の構造では，中心にある炭素原子は 2s，$2p_x$，$2p_y$，$2p_z$ 軌道を使って 4 個の等価な軌道（sp^3 混成軌道という）を作って隣の原子と σ 結合を形成するため，π 電子が存在しない．このため酸性側の構造では，π 電子は分子全体に広がることができず，3 個のベンゼン環に分断されるため，HOMO–LUMO 間のエネルギー差は紫外領域の大きい値になり，水溶液の色は無色である．

一方，塩基性側では，OH 基からプロトン（H^+）が引き抜かれて分子は平面構造となって，中心の炭素原子は隣の炭素原子との間で二重結合を形成し，π 電子（$2p_z$ 軌道の電子）が現れる．そして，中心の炭素原子に現れた

π電子を媒介としてπ軌道は分子全体に広がるため，HOMO–LUMO 間のエネルギー差は可視領域まで減少する．こうして，フェノールフタレインは塩基性側で赤色を呈する．図 6.5 に酸性側および塩基性側のフェノールフタレイン水溶液の可視吸収スペクトルを示す．

6.1.4 血液が酸素を運ぶしくみ

π電子が分子全体に広がって，HOMO–LUMO 間のエネルギー差が可視領域まで減少する別の例として，ポルフィリン分子とフタロシアニン分子がある．その分子構造を図 6.6 に示す．

これらの環状分子はさまざまな金属イオンを取り込み，内側にある 4 個の窒素原子の非共有電子対を通して，環状分子と金属イオンは結合（配位結合）を形成する．赤血球の酸素運搬酵素であるヘモグロビンは，ヘムとよばれる

(a)
(b)
NH
N
N
HN
N
N
NH
N
H
N
N
N
N
ポルフィリン
フタロシアニン

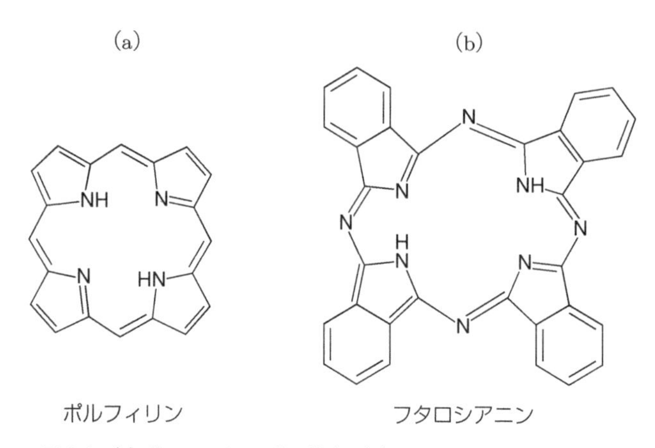

図 6.6 (a) ポルフィリンの分子構造，(b) フタロシアニンの分子構造．

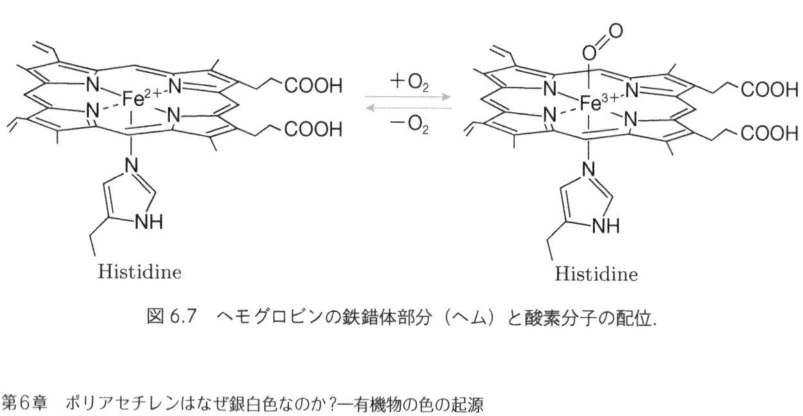

N
Fe2+
N
N
N
COOH
COOH
N
NH
Histidine
+O2
−O2
O
O
N
Fe3+
N
N
N
COOH
COOH
N
NH
Histidine

図 6.7 ヘモグロビンの鉄錯体部分（ヘム）と酸素分子の配位．

鉄錯体を取り込んだ金属タンパク質である．図 6.7 に，ヘモグロビンの鉄錯体部分，および酸素分子が鉄錯体に配位した構造を示す．

肺で吸収された酸素分子は，血液中の赤血球に含まれるヘモグロビンの鉄錯体と結合し，動脈を通して組織のすみずみまで酸素が運搬される．細胞内では，酸素がヘモグロビンから遊離して代謝のために消費され，代わりに二酸化炭素が放出される．このとき，酵素の働きで二酸化炭素は水と反応して炭酸水素イオン（HCO_3^-）になり，血液に効率よく溶解して肺まで運ばれることになる．こうして，静脈中の赤血球のヘモグロビンでは，酸素分子が外れた状態が主成分になる．

コラム 6.1 血中酸素濃度を測るパルスオキシメータのしくみ

2019 年の後半に中国で発生した新型コロナウイルス（COVID-19）は 2020 年になると世界中に広がり，重篤な肺炎から多くの人々が死亡した．肺炎になると酸素を十分取り入れることができなくなり，重症の場合は，体外式膜型人工肺が必要になる．これは，患者の静脈に太いカテーテルを挿入して血液を体外に取り出し，外部装置で二酸化炭素を取り除き，酸素を補充した血液を別のカテーテルを通して体内に戻す循環式の装置である．

図 6.8 は，ヘモグロビンと，酸素分子が結合したヘモグロビンの光吸収スペクトルである．

静脈中のヘモグロビンの光吸収スペクトルでは，赤色領域（600 ～ 750 nm）の光が強く吸収されるため，血液の色は暗赤色になる．一方，酸素分子が結合した動脈中のヘモグロビンの光吸収スペクトルでは，赤色領域の光がよく透過するため，鮮やかな赤色になる．800 nm より長波長の近赤外光では，逆に動脈中のヘモグロビンのほうが強く吸収される．

酸素分子が結合したヘモグロビンの量を計測するのが，パルスオキシメータであり，血液中の酸素濃度が測定できる簡便な機器である．赤色の光と赤色ではない光を指に当てて，センサーが受け取る光の量を測定している．上記のようなヘモグロビンの吸収スペクトルの差から，酸素濃度が計測できる．新型コロナウイルス感染によって肺炎になると，酸素が十分運搬されなくなるため，血液中の酸素濃度を測ることで，その重症度が判定できる．今日ではスマート腕時計にもこの機能がついている．

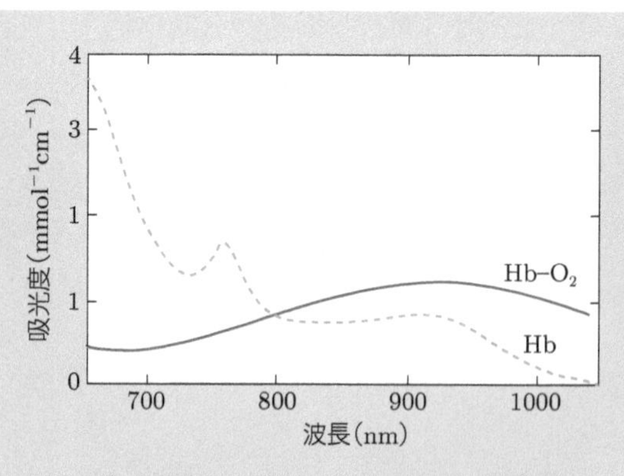

図 6.8　ヘモグロビンと酸素分子が結合したヘモグロビンの光吸収スペクトル．破線：ヘモグロビン（Hb），実線：酸素分子が結合したヘモグロビン（Hb–O_2）（清水孝一，山本克之，*BME*, **8**, 41 (1994)）．

6.2 有機色素の発色のしくみ

有機化合物は一般に無色のものが多いが，これは HOMO と LUMO のエネルギー間隔が紫外領域にあるためである．

有機化合物における HOMO と LUMO のエネルギー間隔を，可視領域にシフトさせるための分子設計として，芳香族環に電子供与基と電子吸引基を付加する方法がある．

HOMO の準位を高くする電子供与基としてはアミノ基（–NH_2）やヒドロキシ基（–OH）などがあり，芳香族環に結合している原子の非共有電子対を HOMO として利用する方法である．これに対し，LUMO の準位を低くする電子吸引基としては–NO_2 などがあり，低いエネルギーの空軌道（π^* 軌道）をもつ基を芳香族環に結合させる方法である．表 6.3 に，高いエネルギーの HOMO をもつ電子供与基，および低いエネルギーの LUMO をもつ電子吸引基の組み合わせを示す．

このような分子設計のもとで，さまざまな有機色素が合成されており，その代表的な例を示そう．例えば，図 6.9 のように，非共有電子対をもつ電子供与基の NH_2 と低い π^* 軌道をもつ電子吸引基の NO_2 をベンゼン環に結合させただけで，黄色の有機色素となる．黄色を呈する原因は，アミノ基にある窒素原子の非共有電子対の軌道からニトロ基の π^* 軌道への電子励起（分

表 6.3　高いエネルギーの HOMO をもつ電子供与基および低いエネルギーの LUMO をもつ電子吸引基.

電子供与基（非共有電子対）		電子吸引基（低い π^* 軌道）	
$-\ddot{N}R_2$	第三級アミノ基	$-NO_2$	ニトロ基
$-\ddot{N}HR$	第二級アミノ基	$-C{\equiv}N$	シアノ基
$-\ddot{N}H_2$	第一級アミノ基	$-S(=O)-O-R$	アルキルスルフィノ基
$-\ddot{O}-R$	アルコキシ基	$-C(=O)-O-H$	カルボキシ基
$-\ddot{O}-H$	ヒドロキシ基	$-N{=}O$	ニトロソ基
$-\ddot{O}-C(=O)-CH_3$	アセチルオキシ基	$-CO_2^-$	カルボキシレート基

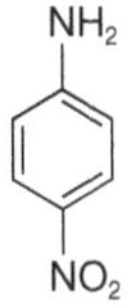

図 6.9　鮮やかな黄色を呈する有機色素ニトロアニリンの分子構造．この分子では，HOMO は$-NH_2$基の非共有電子対の軌道が担い，LUMO は$-NO_2$基の π^* 軌道が担っている．

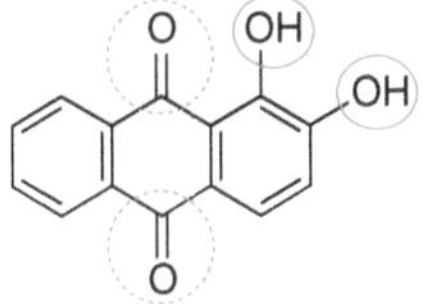

図 6.10　アリザリンレッドの分子構造．HOMO は$-OH$基の非共有電子対の軌道が担い，LUMO は $C=O$ の π^* 軌道が担っている．

子内電荷移動遷移）である．

図 6.10 は西洋茜の赤色色素であるアリザリンの分子構造である．アリザリンでは，HOMO は$-OH$基の非共有電子対の軌道が担い，LUMO は $C=O$ の π^* 軌道が担っている．

ヨウ素デンプン反応とはなんだったのか？ — 電荷移動による発色

ここでは，電子供与基をもつ芳香族分子と，電子吸引基をもつ芳香族分子を，1:1 で混ぜ合わせることにより発色する例を紹介する．

図 6.11 はパラキノン，ヒドロキノンおよびキンヒドロンの分子構造である．ヒドロキノンは，ベンゼン環に電子供与基である OH 基が 2 個結合した分子であり，OH 基の非共有電子対が電子供与性を示す．一方，パラキノンは，ベンゼン環に 2 個の酸素が二重結合で結ばれた分子であり，C＝O の π^* 軌道が電子吸引性を示す．これらの分子の有機溶媒に溶かし，1:1 に混ぜ合わせると，互いの分子が水素結合で結ばれたキンヒドロンを形成し，結晶として析出する．

O　　OH　　O--H—O
O　　OH　　O--H—O
パラキノン（無色）　＋　ヒドロキノン（黄色）　→　キンヒドロン（暗緑色）

図 6.11　パラキノン，ヒドロキノンおよびキンヒドロンの分子構造．

キンヒドロンは，ヒドロキノンの OH 基からパラキノンの C＝O 基の π^* 軌道に光を吸収して電子が移動し，黒色に近い暗緑色を呈する．このように，電子供与性を有する分子と電子吸引性を有する分子の集合体では，異なる分子間で電子が移動する有機電荷移動錯体が数多く存在し，金属光沢や金属伝導を示す分子集合体や，中には超伝導を示す例も数多く報告されている[2)]．

分子間の電荷移動による有機物の発色のもう 1 つの代表的な例は，ヨウ素デンプン反応である．1814 年，フランスのコリンらはデンプン溶液にヨウ素・ヨウ化カリウム水溶液を滴下すると濃い青紫色になることを発見した．この鋭敏な反応はヨウ素デンプン反応とよばれ，植物の光合成の検出やヨウ素の検出に用いられてきた．デンプンは，ブドウ糖（グルコース）が重合した高分子であるが，ブドウ糖が直線状に結合したアミロースと枝分かれしたアミ

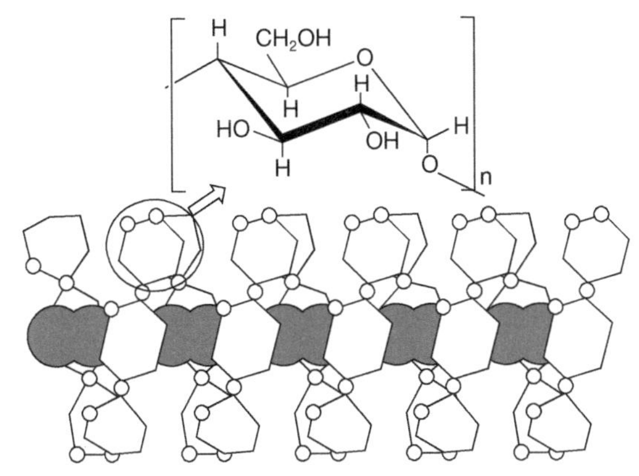

図 6.12　らせん構造のアミロースとその空洞に取り込まれたポリマー状のヨウ化物イオン（I_3^-）の模式図．灰色の部分はヨウ化物イオン（I_3^-）のポリマーを表している．

ロペクチンがある．このうちヨウ素デンプン反応を示すのは，直線状のアミロースであり，らせん構造をもっている．このらせん構造の中に，ヨウ化物イオン（I_3^-）が一列に並んでいる．その模式図を図 6.12 に示す．ヨウ素デンプン反応の濃い青紫色の起源はアミロースからポリマー状のヨウ化物イオンへの電荷移動である[3)]．

第7章 ルビーとエメラルドの色は同じしくみ?—遷移金属由来の色

神秘的な赤色のルビーや青緑色のエメラルドなど，遷移金属イオンを含む物質は一般に美しい色を呈し，古くから人々を魅了してきた．遷移金属とは，周期表の第3族から第12族までの元素を指し，Sc（スカンジウム），Ti（チタン），V（バナジウム），Cr（クロム），Mn（マンガン），Fe（鉄），Co（コバルト），Ni（ニッケル），Cu（銅），Zn（亜鉛）などがある．Ag（銀），Au（金）も遷移金属である．宝石の色の起源には遷移金属イオンのd電子が関わっている．第7章では，遷移金属化合物の色の起源について紹介する．

7.1 宝石の色の起源

7.1.1 遷移金属とはなにか？

遷移金属は，原子番号が増すにしたがって，d軌道またはf軌道に電子が満たされていく．図7.1は原子の電子殻と収容される電子数を表したものである．M殻は3d軌道をもつ電子殻である．d軌道には5種類の軌道があり，

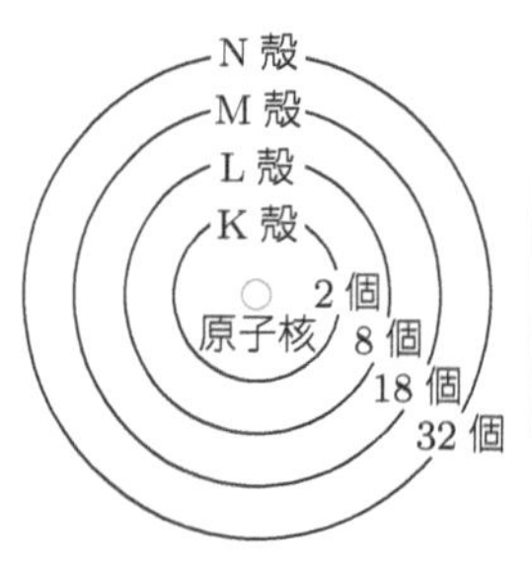

電子殻と収容される電子数

K殻：副殻(1s軌道(2個))
L殻：副殻(2s軌道(2個)，2p軌道(6個))
M殻：副殻(3s軌道(2個)，3p軌道(6個)，3d軌道(10個))
N殻：副殻(4s軌道(2個)，4p軌道(6個)，4d軌道(10個)，4f軌道(14個))

図7.1　原子の電子殻と収容される電子数．

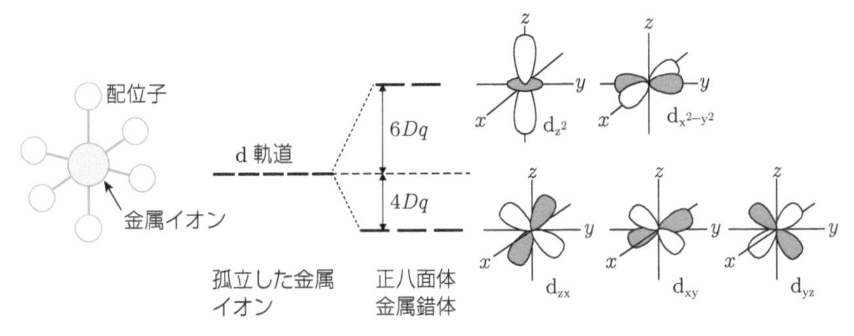

図 7.2　d 軌道の電子雲の形状．白色と灰色の領域は，軌道の符号がそれぞれ正，負であることを表している．

その電子雲の形状を図 7.2 に示す．

遷移金属イオンの d 電子は，金属イオンの周りを取り囲むイオンや分子（配位子とよぶ）が作り出す静電場を受けて，その軌道エネルギーに変化が生じる．一般に遷移金属イオンは有色であるが，これは金属イオンが配位子と結合（配位結合）することにより，d 軌道のエネルギー準位が分裂し，その分裂の間隔が可視光のエネルギーに相当するからである．

遷移金属イオンが 6 個の配位子と結合した正八面体化合物の場合，図 7.2 に示すように，$d_{x^2-y^2}$ および d_{z^2} 軌道の電子雲の密度はそれぞれ x, y 軸上および z 軸上で大きな値をもち，軸上に負電荷があれば大きなクーロン反発を受けてエネルギーが高くなる．d_{xy}, d_{yz}, d_{zx} 軌道の電子密度は 2 つの軸の間の空間に広がっているため，相対的に安定な軌道となる．こうして正八面体化合物では，d 電子の軌道は 2 組のグループに分裂するが，この分裂を配位子場分裂とよび，その分裂幅は一般に 10 Dq と表される（Dq は結晶場分裂パラメータといい，複雑な計算式があるがここでは深入りしない）．多くの遷移金属化合物では，10 Dq の値が可視光のエネルギーに相当するため，遷移金属化合物は有色になる．

図 7.3 に $[Ti(H_2O)_6]^{3+}$ 水溶液の吸収スペクトルと，d 軌道から d 軌道への電子の移動（d–d 遷移）を示す．$[Ti(H_2O)_6]^{3+}$ の Ti^{3+} は 1 個の 3d 電子をもち，基底状態（d_{xy}, d_{yz}, d_{zx} 軌道）に入っている．この水溶液に光を入射すると，$[Ti(H_2O)_6]^{3+}$ は配位子場分裂（450～600 nm）に相当する光を吸収して，基底状態（d_{xy}, d_{yz}, d_{zx} 軌道）から励起状態（$d_{x^2-y^2}$, d_{z^2} 軌道）に励起する．しかし，青色領域および赤色領域の光は透過するため，$[Ti(H_2O)_6]^{3+}$

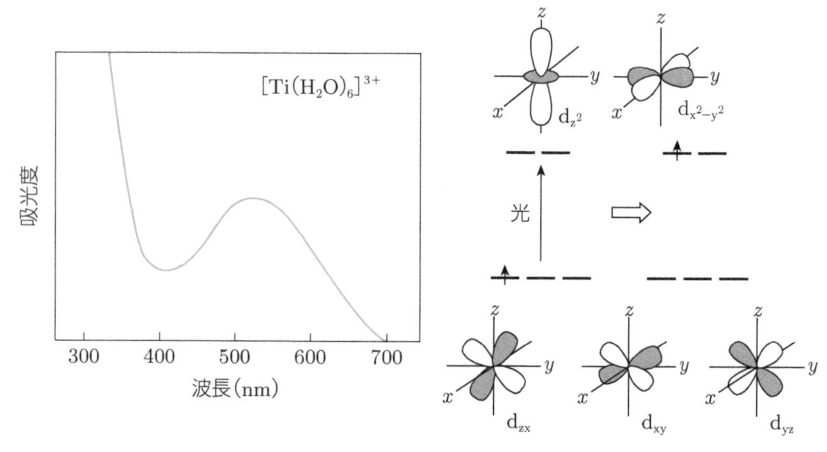

図 7.3　$[Ti(H_2O)_6]^{3+}$の水溶液における光吸収スペクトルと d–d 遷移．d_{xy}, d_{yz}, d_{zx} 軌道はまとめて t_{2g} 軌道とよばれ，$d_{x^2-y^2}$, d_{z^2} 軌道はまとめて e_g 軌道とよばれる．

水溶液は赤紫色を呈する．

7.1.2　宝石の色の秘密

ところで宝石のルビーの美しい赤色はなにに由来するのであろうか．またエメラルドの美しい緑色はなにに由来するのであろうか．

ルビーは，サファイア（Al_2O_3）の Al^{3+} イオンが一部 Cr^{3+} イオンに置き換わった鉱物であり，美しい赤色の起源は Cr^{3+} イオンに由来している．またエメラルドは，緑柱石（$Be_3Al_2Si_6O_{18}$）の Al^{3+} イオンが一部 Cr^{3+} イオンに置き換わった鉱物であり，美しい緑色の起源は Cr^{3+} イオンに由来する．

それでは発色の起源が Cr^{3+} イオンであるにもかかわらず，どうしてルビーは赤色を呈し，エメラルドは緑色を呈するのであろうか．ルビーの中の Cr^{3+} イオンもエメラルドの中の Cr^{3+} イオンも，6 個の酸化物イオン（O^{2-}）と結合しているが，Cr^{3+}–O^{2-} 間結合距離が長くなれば配位子場分裂のエネルギーが小さくなり，吸収スペクトルの波長が長くなる．Al_2O_3 の Al^{3+} イオンを Cr^{3+} イオンに置き換えていくと，置換した Cr^{3+} イオンの濃度の増加とともに配位子場分裂が減少し，置換濃度が 25% を超えると結晶の色は緑色になる．

図 7.4 は，ルビー（Al_2O_3:Cr^{3+}）とエメラルド（$Be_3Al_2Si_6O_{18}$:Cr^{3+}）の光吸収スペクトルを示したものである．Cr^{3+} イオンの光吸収スペクトルには，

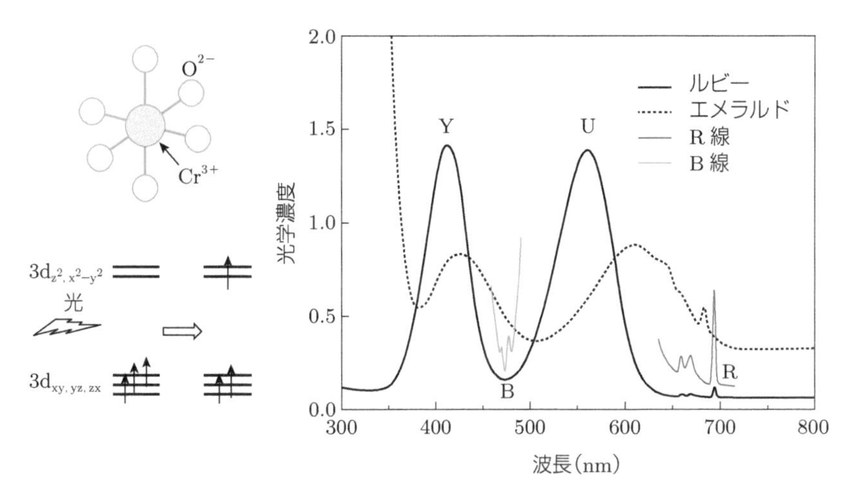

図 7.4　ルビー（Al_2O_3:Cr^{3+}）とエメラルド（$Be_3Al_2Si_6O_{18}$:Cr^{3+}）の光吸収スペクトル．R（赤線）およびB（青線）の線は，その部分のスペクトルを拡大したもの．

長波長側から順番にR線，U帯，B線，Y帯が現れるが，この名前はルビーの英語名であるRUBYにちなんでいる．この名前は，配位子場理論の確立者である田辺行人（ゆきと）博士と菅野暁（さとる）博士によって名付けられた（1958年）[1]．ルビーでは赤色領域（600 nm～750 nm）と青色領域（450 nm～500 nm）の光が透過するため，神秘的な赤色を呈する．ルビーはR線から強くて幅の狭い赤い蛍光を発し，その発光線の波長が圧力とともにシフトするため，高圧力のインジケーターとして必要不可欠な物質である．

一方，エメラルドでは，Cr^{3+}イオンとO^{2-}イオンの距離が長くなるため配位子場遷移による吸収スペクトルの波長が長くなり，青色領域から緑色領域（480 nm～550 nm）の光が透過するため，青緑色を呈する．

コラム 7.1　ルビーの発光と世界初のレーザー光線

レーザー発振は1960年にルビーを用いて初めて成功した[2]．可視領域にはCr^{3+}のd–d遷移による複数の吸収スペクトルが現れるが，最低励起状態であるR線の準位は寿命が長く（10 ms），またこの準位の電子は赤い光を放出して基底状態に戻る．R線より少しエネルギーの高い所には，光を強く吸収する準位（U帯）があり，この準位に励起された電子は，非放射遷移によってすぐにR線まで落ちてくる．長寿命でしかも発光する励起状態が存在し，R線より少しエネルギーの高い所に光を強く吸収する準位をもつルビーに着目した米国のメイマンは，ルビーに強力なキセノン・フラッシュランプの光を照射することにより，R線からのレーザー発振に成功した．これが世界最初のレーザー光線の出現であり，図7.5にルビーレーザーのしくみを示す．

ルビーレーザーの発明以後，レーザーは，気体レーザー，半導体レーザー，色素レーザーなどがさまざまな材料を用いて開発され，多くの分野で使用されている．詳細は第12章で紹介する．

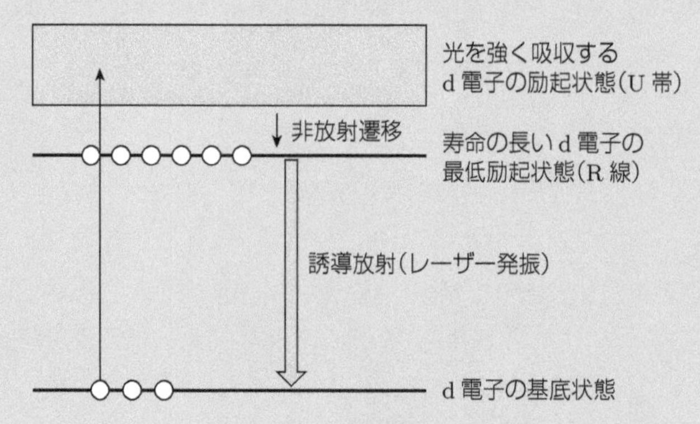

図7.5 ルビー（Al_2O_3:Cr^{3+}）によるレーザー発振のしくみ．R線に分布する電子数が基底状態に分布する電子数より多くなると，誘導放射が起こる．

7.1.3 金属錯体が作る色

遷移金属イオンでは，光を吸収して低いエネルギーのd軌道から高いエネルギー状態のd軌道に励起され，可視領域に吸収帯が現れる．1938年，槌田（つちだ）龍太郎博士は，Cr^{3+}およびCo^{3+}の六配位錯体で現れる2本の強い吸収帯を系統的に調べ，配位子を次の系列の上位にあるものに置換すると，吸収帯の極大が高波数側（短波長側）にシフト（移動）することを発見した[3]．この系列は，槌田博士によって分光化学系列と名付けられ，配位子場分裂の大きさの順序を表している．分光化学系列は，中心金属が異なっても基本的に変動しない．

$$\underbrace{I^- < Br^- < Cl^- < F^-}_{\text{ハロゲン}} < \underbrace{H_2O}_{\text{酸素}} < \underbrace{NCS^- < NH_3 < NO_2^-}_{\text{窒素}} < \underbrace{CN^-, CO}_{\text{炭素}}$$

溶液中では，金属イオンに結合した配位子は，分光化学系列の上位にある配位子と容易に置換される．例えば，硫酸銅の水溶液にアンモニア水を滴下すると，水溶液の色は淡青色から濃紺色に変化する．これは，硫酸銅水溶液中では，Cu^{2+} イオンは水分子と結合して $[Cu(H_2O)_6]^{2+}$ を形成しているが，アンモニア水を滴下すると，配位子の H_2O が NH_3 に置き換わり，$[Cu(NH_3)_4(H_2O)_2]^{2+}$ に変化する．$[Cu(H_2O)_6]^{2+}$ の d-d 遷移の極大は赤外領域（～800 nm）にあり，その吸収帯の裾野が赤色領域まで広がっているため，補色である淡青色を呈する．しかし，$[Cu(NH_3)_4(H_2O)_2]^{2+}$ では，配位子場分裂が大きくなって d-d 遷移による吸収帯が短波長側（500～800 nm）にシフトするため，400～500 nm の光が相対的に強く透過することになり，濃紺色を呈する．

もう 1 つの代表的な例は，塩化コバルト（$CoCl_2$）を添加したシリカゲルによる湿度の表示である．シリカゲルは多孔質のケイ酸塩のゲルで，湿気を吸収する．乾燥している状態では，コバルトイオンは塩化物イオンと結合して $[Co^{II}Cl_4]^{2-}$ の四面体錯体を形成しており，これが濃い青色の原因になっている．ところが湿気を吸収すると，Cl^- イオンが分光化学系列の上位にある H_2O と置き換わって $[Co^{II}(H_2O)_6]^{2+}$ の八面体錯体を形成して淡桃色に変わり，それ以上湿気を吸収できなくなる．シリカゲルを乾燥剤として再利用するには，淡桃色に変わったシリカゲルを乾燥機に入れ，100°C で加熱すれば濃青色のシリカゲルに戻る．

コラム 7.2　RuO_4 の酸化還元反応と指紋判定

RuO_4 は $[MnO_4]^-$ イオンと同じように四面体構造をとり，Ru（ルビジウム）の酸化数は 8 価で 4d 電子の数はゼロである．この分子は淡黄色の気体で酸化力が非常に強い．酸素原子の 2p 軌道から Ru 原子の 4d 軌道への強い LMCT 遷移は，紫外領域から紫色領域にあり，その結果として淡黄色の色を呈している．RuO_4 は，ヒトの指紋が床などに付着すると指紋についている油脂成分を酸化させ，黒色の RuO_2 に変化する．この酸化還元反応による色の変化は鋭敏であり，犯罪捜査の指紋判定に活用されている．気体状の RuO_4 を飽和炭化水素に溶かした溶液を霧吹きに入れ，指紋の痕跡に吹きかけると，黒化した RuO_2 によって指紋が浮かび上がってくる．

7.1.4 電荷移動による発色

酸化還元滴定で指示薬に用いられる過マンガン酸カリウム（$KMnO_4$）の水溶液は濃い赤紫色を呈しているが，この色は過マンガン酸イオン $[MnO_4]^-$ が原因である．$[MnO_4]^-$ の Mn 酸化数は 7 価であり，3d 電子の数はゼロである．濃い赤紫色の起源は，O^{2-} の 2p 軌道から Mn^{7+} の 3d 軌道への電子移動（電荷移動）によるものである．この遷移は，配位子から金属イオンへの電荷移動（LMCT: Ligand-Metal Charge Transfer）遷移とよばれている．LMCT による光吸収強度は d-d 遷移による吸収強度に比べ 10^3 程度強いため，酸化還元滴定の指示薬として用いられる．酸化還元滴定の終点では，Mn イオンの価数はすべて Mn^{2+} になっており，ほとんど無色の溶液になる．図 7.6 に $[MnO_4]^-$ における LMCT の模式図を示す．

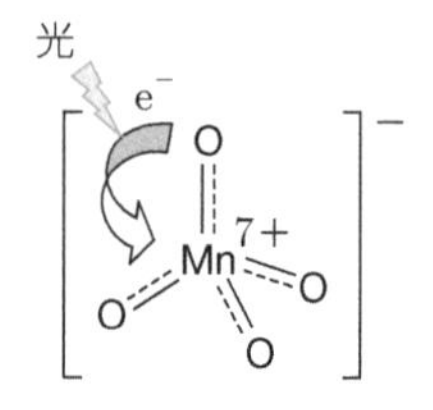

図 7.6　$[MnO_4]^-$ における LMCT 遷移の模式図．

電荷移動遷移にはその他に，金属イオンの d 軌道から配位子の 2p または 3p 軌道に電子が移動する MLCT（Metal-Ligand Charge Transfer）遷移，低原子価の金属イオンから高原子価の金属イオンへの電荷移動（IVCT: Inter-Valence Charge Transfer）遷移がある．

IVCT としては，プルシアンブルー $Fe^{III}{}_4[Fe^{II}(CN)_6]_3 \cdot 15\,H_2O$ の濃青色が代表的な例である．構造を図 7.7 に示す．プルシアンブルーは，フェロシアン化カリウム（$K_4[Fe^{II}(CN)_6]$）の水溶液に Fe^{3+} イオンを加えることによっ

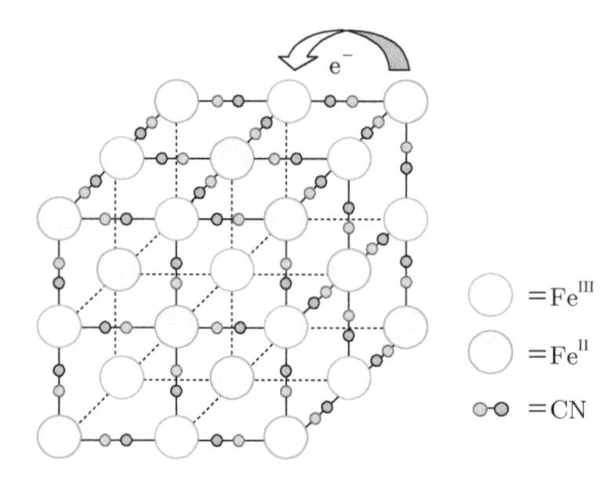

図 7.7　プルシアンブルーの骨格構造と電荷移動遷移の模式図．

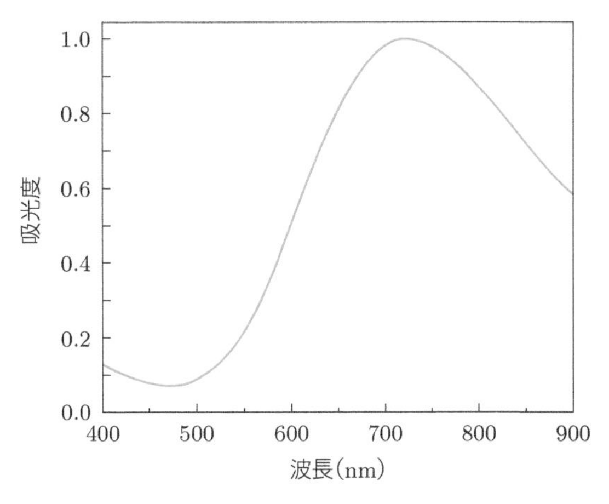

図 7.8　室温におけるプルシアンブルーの光吸収スペクトル.

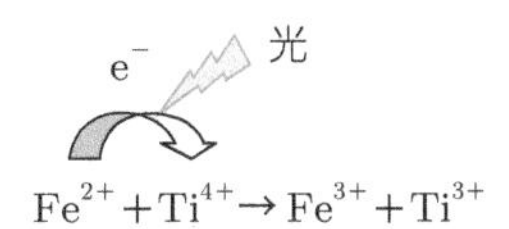

図 7.9　ブルーサファイア（Al_2O_3:Fe^{2+}, Ti^{4+}）における IVCT の模式図.

て析出する濃青色の難溶性錯体であり，$-NC-Fe^{II}-CN-Fe^{III}-NC-$のように CN を架橋として，$Fe^{II}$ と Fe^{III} が交互に結合した三次元ネットワークを形成している．基底状態の電子配置$-NC-Fe^{II}-CN-Fe^{III}-NC-$は，$Fe^{II}$ から Fe^{III} に電子が移動すると励起状態である$-NC-Fe^{III}-CN-Fe^{II}-NC-$の電子配置になる．

プルシアンブルーは，図 7.8 のように，IVCT による強い光吸収が 600 nm より長波長の赤色領域から近赤外領域にかけて現れるため，錯体は濃青色を呈する．

IVCT のもう 1 つの例として，ブルーサファイアの青色がある．ブルーサファイアは，サファイア（Al_2O_3）の Al^{3+}の一部が Fe^{2+}と Ti^{4+}に置き換わった鉱物であり，Fe^{2+}と Ti^{4+}が近接した場合，図 7.9 に示すように，Fe^{2+}から Ti^{4+}への IVCT 遷移が起こり，500 nm～700 nm の領域に強い吸収が現れる．このためブルーサファイアは美しい青色を呈する．

コラム 7.3 光磁石とはなにか？

プルシアンブルーは，従来より青色顔料などとして利用されてきた．その結晶構造は，一辺を B–C≡N–A（A＝Fe^{III}, B＝Fe^{II}）とする立方体から形成されており，立方体のどの辺方向にも CN を介して Fe^{III} と Fe^{II} が交互に並んでいる（図 7.7）．Fe^{II} および Fe^{III} を他の遷移金属イオンに置き換えることができることから，他の遷移金属イオンで置換された化合物はプルシアンブルー類似塩とよばれ，低温で光を照射することで磁石を作り出す現象（光磁石）が盛んに研究されている．

Fe^{III} を Co^{III} に置き換えたプルシアンブルー類似塩を例にとると，光を照射する前の状態では，Co^{III} と Fe^{II} はともに閉殻イオンであり，この状態では磁石にならない．しかし，この物質に 500～750 nm の光を照射すると，Fe^{II} から Co^{III} への電荷移動が起こり，このとき，Fe^{III} と Co^{II} の間には電子スピンを反平行にする引力（反強磁性的相互作用）が働いて磁石（フェリ磁性）になる．さらに興味深いことに，この光で作った磁石に赤外光を照射すると，元の状態に戻る[4]．プルシアンブルー類似塩による光磁石の模式図を図 7.10 に示す．

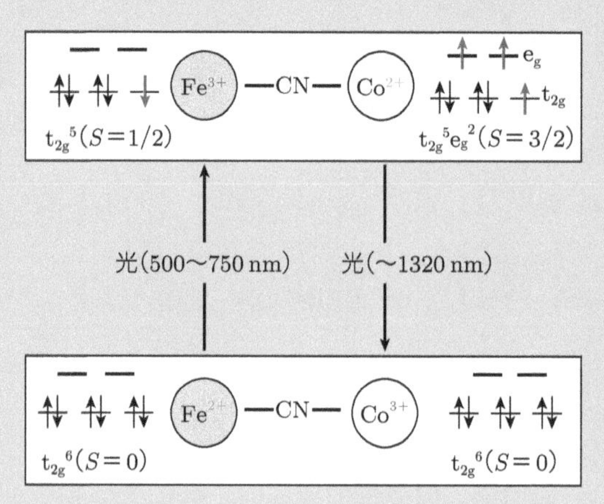

図 7.10　プルシアンブルー類似塩の光磁石の模式図．

7.2 希土類化合物の色の起源

原子番号が57のランタン (La) から71のルテチウム (Lu) までの元素は，希土類またはランタノイドとよばれている元素で，電子殻で言えばN殻をもち，4f軌道に電子が順次詰まっていく．4f軌道は7種類あり，14個の電子を収容することができる．このため，4f電子間のクーロン相互作用および軌道運動によって原子核から受ける磁場の効果（スピン軌道相互作用）により，非常に多くのエネルギー準位が現れる[5)]．4f軌道の電子密度は図7.11に示すように，5d軌道や6s軌道に比べて内側に分布しており，結合している配位子の影響をあまり受けない．このため，4f軌道間の光吸収スペクトルおよび発光スペクトルは幅の狭いスペクトルになることが特徴である．

希土類化合物の魅力は強い発光を示すことであり，三波長型蛍光灯やレーザー，光ファイバーケーブルの増幅器などに用いられている．その詳細は第11章および第12章で紹介することにし，ここでは4f軌道の電子雲の形を図7.12に示す．

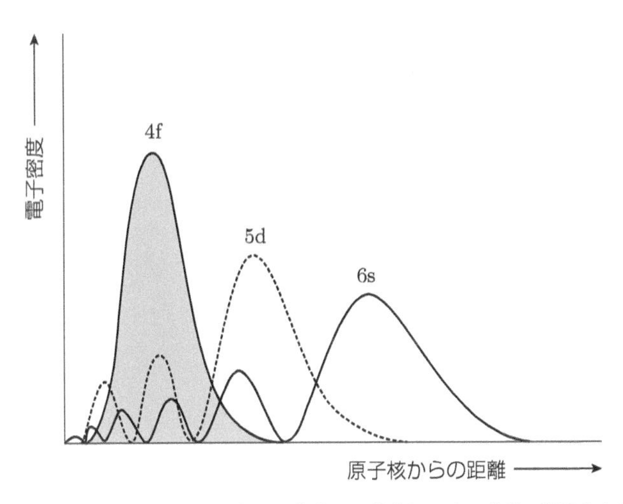

図7.11　原子核からの距離に対する4f軌道，5d軌道および6s軌道の電子密度分布．

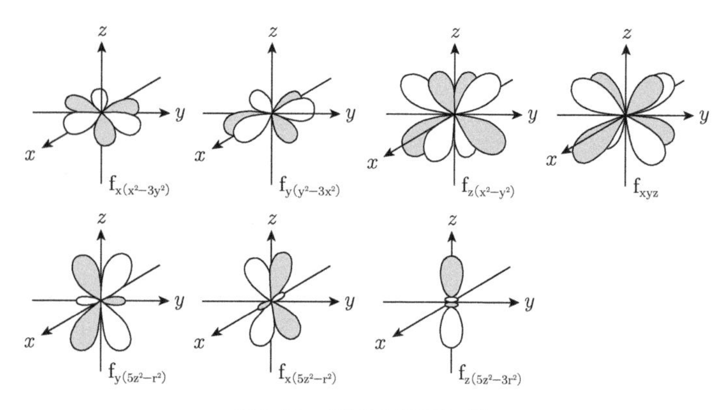

図 7.12　4f 軌道の電子雲の形.

第 8 章

電気を通す物質はなぜ金属光沢があるのか？

電気を通す導体である金属は金属光沢をもつが，なぜ銀は銀白色であるのに金は黄金色であるのか．愚者の金とよばれている黄鉄鉱は半導体であるが，なぜ金に似た黄金色なのか．また，半導体はなぜさまざまな色を呈するのか．第 8 章では，金属と半導体の色の起源について紹介する．

8.1 金属の光沢

原子核と電子が解離した状態をプラズマ状態というが，これは金属の中でも起こっている．

金属では最外殻の電子が自由電子となって結晶の中を自由に運動し，電子が抜け出した後には陽イオンが残る．遊離した自由電子と陽イオンのプラズマ状態に入射した光（電磁波）は，自由電子によって散乱される．これが金属光沢の原因である．

アルミニウムや銀では，可視領域全体にわたって光を反射するため銀白色の光沢になる．ところが銅の場合，580 nm 付近で 3d 軌道から 4s 軌道や 4p 軌道への遷移による光吸収が始まるため，反射率は 600 nm より短波長側で急激に落ち込み，赤銅色の光沢になる．金の場合には，550 nm 付近で 5d 軌道から 6s 軌道や 6p 軌道への遷移による光吸収が始まるため，反射率は 530 nm より短波長側で急激に落ち込み，黄金色の光沢になる．

図 8.1 にさまざまな金属および黄鉄鉱（FeS_2）の反射スペクトルを示す．黄鉄鉱は半導体であるが，その反射率は短波長になるほど低下し，500 nm 以下ではその傾向が著しい．その結果，黄鉄鉱は黄金色の光沢を示すように

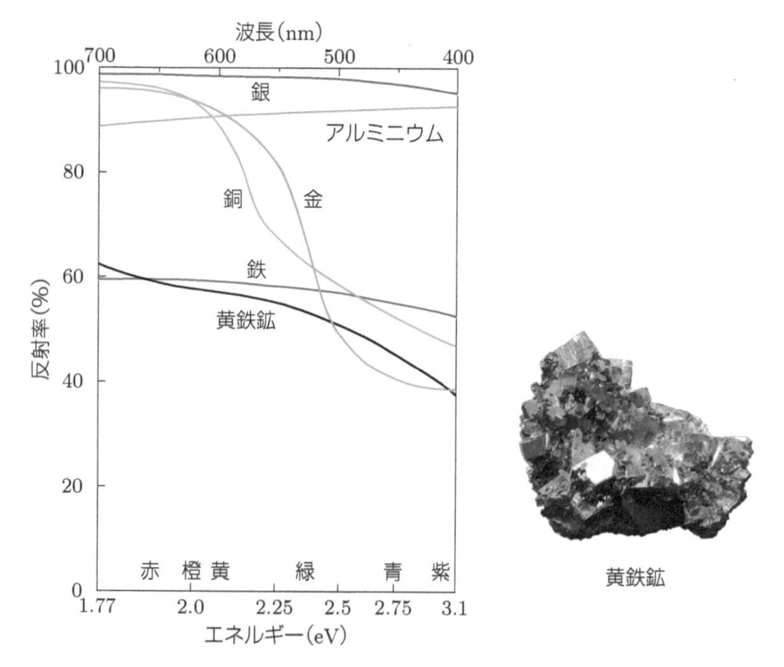

図 8.1　さまざまな金属および黄鉄鉱（FeS_2）の反射スペクトル（The Physics and Chemistry of Color, K. Nassau,（John Wiley & Sons, 1983）, p. 166）.

なる．ちなみに，黄鉄鉱は黄金色であるが金を含んでいないため，古くから愚者の金（fool's gold）とよばれた．

コラム 8.1　金の黄金色は相対論効果が原因

金（Au）や水銀（Hg）などのように原子番号が大きい重元素では，原子核の大きな陽電荷による強いクーロン引力により電子が高速度に加速される．電子が高速度（v）で運動している場合，電子の質量 m は次式のように，止まっている電子の質量（m_0）より重くなる（相対論効果）．

$$m = m_0/\{1-(v/c)^2\}^{1/2} \tag{8.1}$$

ここで c は光の速度であり，m を動的質量とよぼう．電子は，その速度が光速度に近づくにつれて質量は無限大に重くなっていく．特に s 軌道の電子は，p 軌道の電子や d 軌道の電子よりも原子核と近いので，高速に加速されて強い相対論効果を受ける．電子の動的質量が重くなると軌道半径は収縮し，エネルギーは低下する．

金原子の場合，6s 軌道の半径は相対論効果により約 20% 収縮して内側に深く潜り込み，6s 軌道のエネルギーは約 25% も低下する[1)]．この相対論効果のため，5d 軌道は反作用で外側に膨張し，5d 軌道のエネルギーは上昇する．この効果の模式図を図 8.2 に示す．

こうして，金原子の 5d 軌道と 6s 軌道のエネルギー間隔が紫外領域から可視領域（〜500 nm）まで低下し，500 nm より短波長の光は吸収される．500 nm より長波長の光は自由電子によって反射されるため黄金色になる．もし相対論効果が働かず，6s 軌道の電子の質量が静止した電子の質量であれば，5d 軌道と 6s 軌道のエネルギー間隔は紫外領域になり，可視領域全体の光が自由電子によって反射されるため，銀白色になるはずである．金の黄金色の光沢は相対論効果のおかげである．

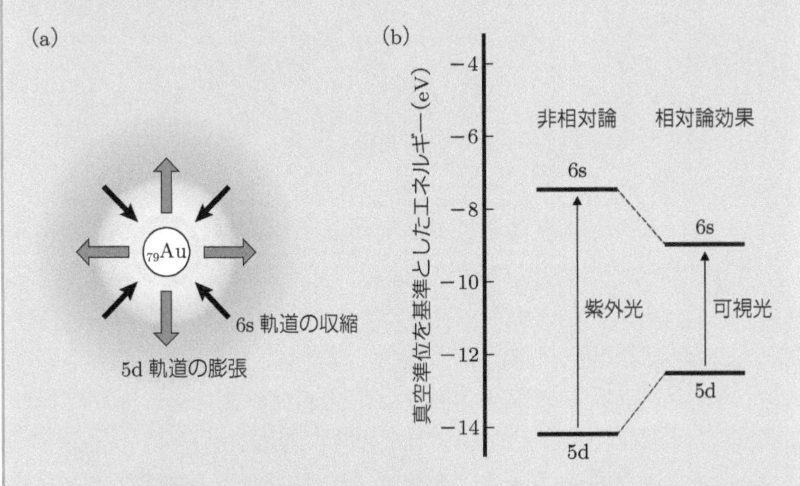

図 8.2 (a) 相対論効果による金原子の 6s 軌道の収縮と 5d 軌道の膨張の模式図．(b) 相対論効果による金原子の 6s 軌道エネルギーの低下と 5d 軌道エネルギーの上昇．

8.2 銅メダルは銅 100% か？—合金の色

合金の金属光沢は，混合する前の金属の光沢を足し合わせた光沢もあれば，足し合わせた光沢とは全く異なる光沢もあり，硬度や融点が混合比に大きく

表 8.1　代表的な銅合金の色調を表す名称と主な組成.

色調を表す名称	代表的な組成（%）	硬貨の組成（%）
黄銅（brass）	Cu : Zn = 60 : 40	5 円硬貨（Cu : Zn = 60 : 40）
青銅（bronze）	Cu : Sn = 88 : 12	10 円硬貨（Cu : Zn : Sn = 95 : 3 : 2）
白銅（cupronickel）	Cu : Ni = 70 : 30	50 円硬貨（Cu : Ni = 75 : 25） 100 円硬貨（Cu : Ni = 75 : 25） 500 円硬貨（Cu : Zn : Ni = 72 : 20 : 8）

表 8.2　代表的な宝飾用金合金の色調を表す名称と主な組成.

色調を表す金合金の名称	代表的な組成
レッドゴールド	Au : Cu = 75% : 25%
ピンクゴールド	Au : Cu : Ag = 75% : 20% : 5%
ホワイトゴールド	Au : Pt or Pd = 75% : 25%
グリーンゴールド	Au : Ag : Cu = 75% : 20% : 5%
ブルーゴールド	Au : Fe = 75% : 25%
パープルゴールド	Au : Al = 80% : 20%

依存するなど多様性に富んでいる．これは，合金の構造が混合する金属の構造と同じ構造になるか，全く異なる構造になることにも関係している．

表 8.1 および表 8.2 は，それぞれ銅合金と金合金の色調を表す名称と主な組成を示したものである．

銅（Cu）と亜鉛（Zn）の合金は黄銅（brass）とよばれていて，亜鉛の割合が 20% 以下では銅赤色の光沢であるが，亜鉛の割合が増すにしたがって黄金色に変化していく．2021 年の東京オリンピックの銅メダルは，亜鉛の割合が 20% 以下の銅赤色の光沢をもつ黄銅で作られた．不思議なことに，銅メダルの英語名は bronze medal である．黄金色の光沢をもつ黄銅はその美しさから，装身具やトランペットなどの金管楽器に用いられている．吹奏楽団をブラスバンド（brass band）とよぶのは，黄銅の英語名である brass に由来している．また，電気伝導性が高いことから電気部品や精密加工材料に用いられている．

銅と錫（すず）（Sn）の合金は青銅（bronze）とよばれ，古くから利用された銅合金であり，古代中国では，貨幣や刀剣，銅鏡に用いられていた．また加工が容易であることから，銅像の材料として使われてきた．鎌倉大仏や現在の奈良大仏も青銅で造られている．

また，銅とニッケル（Ni）の合金は白銅（cupronickel）とよばれ，美しい銀白色の光沢をもつことから銀の代用として用いられてきた．フルートをはじめ銀白色の管楽器は白銅で作られている．

8.3 半導体の色

8.3.1 半導体とはなにか？

第 6 章では有機物，第 7 章では遷移金属化合物などにおける発色の起源について述べてきたが，これらはいずれも電子が空間的に局在している（狭い範囲にとどまっている）という状態を仮定して説明できるものであった．π 電子の広がりによって運動の範囲が大きくなる有機化合物もあったが，それでも 1 個の分子の中の話であった．それに対して金属や半導体では，電子は結晶全体を移動できるという前提で理解するほうが適切であるという点で，アプローチが異なる．そこで少し回り道ではあるが，ここでは電子のエネルギーバンドの話から始めることにしよう．

図 8.3 (a) に示すように 2 つの水素原子 a, b を考えてみよう．各原子核（陽子）は +1 の電荷をもち，各原子は電子を 1 個ずつもっている．距離が十分に離れていれば，それぞれの電子の軌道（波動関数）は独立していて，エネルギーは等しい．

なお，ここまで軌道という言葉を使ってきたが，軌道とは量子力学の波動関数のことである．波動関数は電子の波を記述するシュレーディンガー方程式から求められる関数で，絶対値の 2 乗をとると電子の存在確率を与えるものだが，元々正負の符号（正確には複素数の位相因子）付きの量である．

さて，a, b の波動関数の重なり方として，$\psi_a + \psi_b$ と $\psi_a - \psi_b$ の 2 通りがあり，図 8.3 (a) のように a と b に中心をもつ s 軌道の波動関数の裾（すそ）同士が重なる場合，それぞれ実線と破線のようになる．$|\psi_a \pm \psi_b|^2$ が存在確率を与えるが，破線は中央でゼロ，実線は中央で有限の値をもつので，中央での電子の存在確率は実線の場合のほうが大きい．

2 つの陽イオンの中間あたりで負電荷をもつ電子の存在確率が大きいということは，エネルギーが低く，言い換えればより安定な状態と言える．イオンから見れば，中央に向かって引き寄せられる力が働くことになる．したがって，これを結合状態とよぶ．2 個の水素原子から供給された 2 つの電子は結合状態に入ることになる（スピンを逆向きにすれば 2 個まで収容できる）．

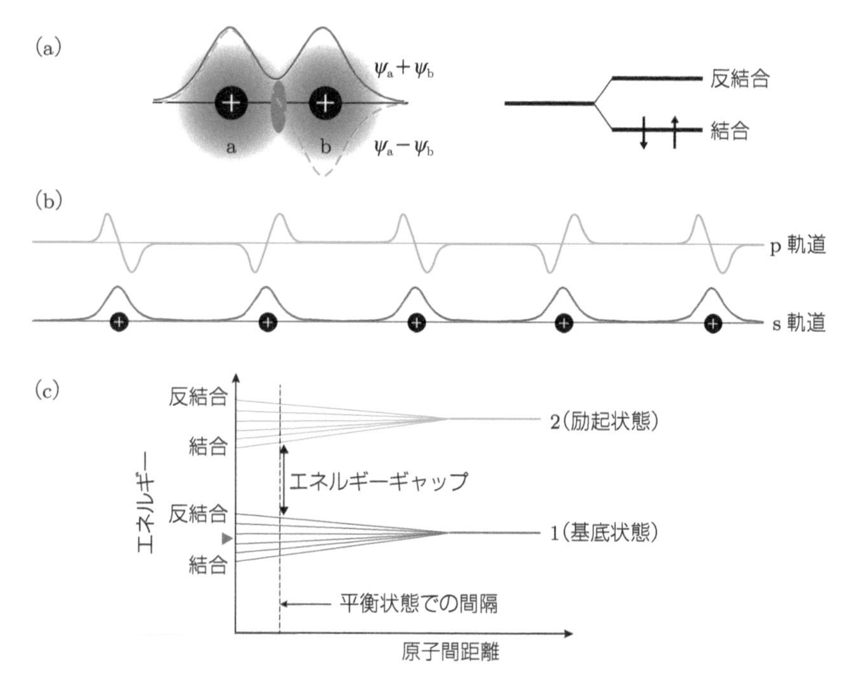

図 8.3　(a) 2 原子分子における結合状態と反結合状態．(b) 多数の原子を 1 列に並べた場合の波動関数．下は s 軌道，上は結合方向を向いた p 軌道．(c) 原子間距離を縮めていくと，状態 1 と 2 のそれぞれが結合，反結合に分裂していく様子．▶は，1 のバンドに半分だけ電子が詰まった場合のフェルミ面の位置．

この引力によって原子核間の距離がどんどん縮まっていくと，次第に陽イオン同士の反発力が効いてくるので，どこかでバランスして陽イオン間の距離が決まり，2 原子分子が形成される．

次に図 8.3 (b) のように多数の原子を十分な距離をとって一次元軸上に等間隔に並べておき，徐々に距離を縮めていくと考えてみよう[2)]．

図 8.3 (c) の右端に示すように無限遠において 1 (基底状態) と 2 (励起状態) という 2 個の準位を用意する．図 8.3 (b) の赤い実線は距離が十分に大きい場合の s 軌道の波動関数であるが，すべて孤立している．距離を近づけていくと，隣同士の原子の間で図 8.3 (a) のような結合状態と反結合状態の分裂が起こる．原子間距離を縮めていくと図 8.3 (c) に示すように分裂幅は次第に大きくなっていく．s 軌道の波動関数 (図 8.3 (b) の実線) をすべて同符号で重ね合わせれば，どこも結合状態になるので，エネルギーは最も低くなる．そこに符号の反転した対を混ぜていくと反結合の数が増えてくるの

で，合計のエネルギーは高くなっていき，符号の反転した波動関数を交互に並べてすべて反結合状態にすればエネルギーは最も高くなる．

この状況は図 6.2 に示した分子軌道の場合と似ている．このようにして，多数の状態が図 8.3 (c) の左側のように広がって帯状になる．すなわちバンド（帯）を構成する．結合状態のエネルギーが下がれば系全体のエネルギーが下がるので，原子間距離が小さくなるほうが安定であるが，距離を短くしていくと次第にイオン間の反発によりエネルギーが上がってくるので，両者がバランスする所が安定点となる．それが縦破線で示した現実の格子間隔である．この位置において 1 と 2 のバンドが重ならなければ，エネルギー準位のない所が残る．これがエネルギーギャップである．

さらに，各原子の波動関数が軸方向を向いた p 軌道である場合を考えてみよう．この場合，隣の波動関数の符号が反転しているときに原子間の中点での電子密度が上がるので結合状態となる．したがって，図 8.3 (b) の緑色の線で示したように，符号が交互に反転する場合に最もエネルギーの低い状態が実現する．

次にこれらのエネルギー準位に電子を埋めていくことを考える．図 8.3 (a) からの類推で考えると，s 軌道から作られる結合と反結合あわせて 4 個の電子を収容可能のところ，半分だけが埋まることになるので，1 から作られたバンドの半分までしか電子が埋まらないことになる．ちょうどコップの半分まで水を満たしたような状態である．その水面に当たる所をフェルミ面，水面下をフェルミ・シー（海）という．

その状態で電流が流れるかどうか考えてみる．電圧をかけると電子は運動エネルギーを得るので，少しだけ上のエネルギー準位に移らなければならないが，図 8.3 (c) からわかるとおり，フェルミ面（▶印）の上にはエネルギー準位が連続的に存在しているので，電流が流れることになる．言い換えれば金属状態になっている．

ところが，もし 1 の状態で原子 1 個当たり 2 個の電子があったとすると，図 8.3 (a) の 4 個の座席はすべて埋まることになり，図 8.3 (c) の 1 から派生したバンド（赤線で示した多数の準位）は全部埋め尽くされることになる．そして 2 の準位は空のままである．分子軌道の言葉で言えば，1 の上端が HOMO，2 の下端が LUMO に対応する（6.1.2 項を参照）．この場合は，1 の一番上の状態にある電子が，少しだけエネルギーを増やそうとしても行き先がないので，身動きが取れない．つまり電流は流れず，絶縁体となる．

エネルギーギャップ E_g を超えるエネルギーを与えることで初めて電子の状態を変化させることができる．言い換えれば，E_g よりエネルギーの低い光子は，この物質と相互作用することができないため，光はそのまま通り抜けるので透明になる．E_g が例えば 2.48 eV（500 nm）だったとすると，青い光がカットされるので，その透過光は赤っぽく見える．絶縁体および半導体の固有の色はこのようにして決まるのである．

絶縁体のうち，E_g が小さくて熱的に多少の電子がギャップを超えることができて室温で電流が流れるものを半導体という．

では，その電流を担う電子の振る舞いはどう理解したらよいであろうか．

8.3.2 バンド構造とはなにか？

平衡位置におけるエネルギー準位をあらためて描き直したのが図 8.4 (a) である．下のバンドは共有結合（原子同士が電子を出し合い，それを共有することでできる結合）に関わる価電子が詰まっているので価電子帯，上のバンドはほぼ空で電子が自由に動けるので伝導帯と名付けられている．エネルギーギャップの上と下のバンドが s 軌道的か p 軌道的かは，結晶構造にも依存して複雑であるが，以下では上が s 軌道，下が p 軌道から成り立っていると仮定する．熱的な励起によって伝導帯に収容された少数の電子は，あたかも自由電子のように運動量と運動エネルギーをもつ．電子のエネルギーは運動量の関数として図 8.4 (b) に青い実線で示すような形状（バンド構造）になるが，運動量ゼロの近傍では放物線とみなせる．この図で上向きの矢印は吸収，下向きの実線矢印は発光の過程を表している．バンド内での緩和は速いので，それより遅いプロセスである発光は伝導帯の底と価電子帯の頂上の間の遷移で起こる．ギャップの間に不純物や欠陥の準位があると，発光のエネルギーは変わり得るが，発光の色も基本的にギャップの大きさと連動していることは記憶にとどめておいてほしい．

ここで，半導体のバンド構造で重要な概念である直接ギャップ，間接ギャップについて説明を加えておく．

上で述べたとおり，s 軌道の波動関数を同符号で重ね合わせたときにエネルギーが最も低くなり安定であるが，各原子の波動関数が図 8.3 (b) の緑色の線で示すような正負に振れる形をしている場合（p 軌道）には，運動量ゼ

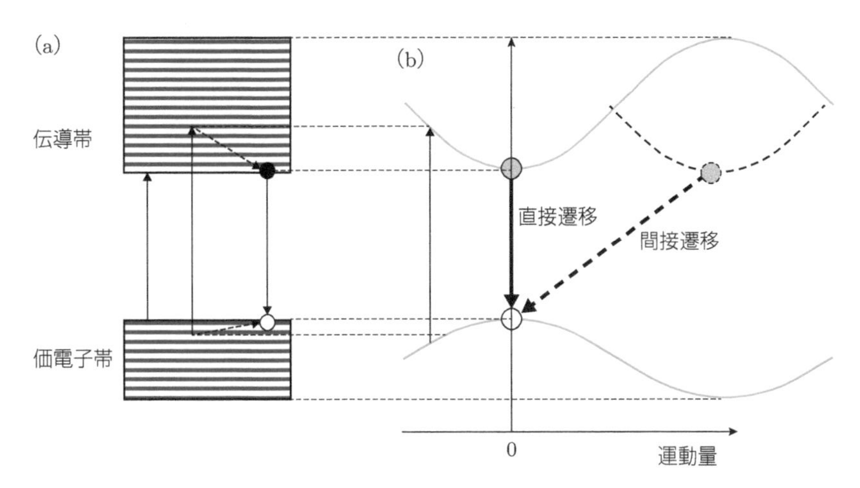

図 8.4　価電子帯と伝導帯．(a) はエネルギー準位の分布を示したもの，(b) は電子の運動量とエネルギーの関係を示したもの．破線は間接ギャップをもつ半導体の伝導帯と間接遷移による発光過程を表す．

ロの点では波動関数を同符号で重ね合わせることになるので，すべて反結合になりエネルギーが高くなってしまう．この図のように 1 個おきに符号を反転して重ね合わせるほうが，エネルギーが下がる．すなわち図 8.4 (b) で言えば，運動量が大きい位置にエネルギーの極小点が現れることになる．

もし，図 8.3 (c) の状態 2 (伝導帯) がこの状況にあるとすると，価電子帯の頂上と伝導帯の底の運動量が異なるために，運動量が近似的にゼロである光だけでは運動量保存の法則を満たすことができないので，遷移することができない．発光の遷移を起こすには運動量をなにかに渡さないといけないので，間接ギャップという．なお，多くの場合，運動量は格子振動に与えられるが，格子振動をエネルギーをもつ粒子と考えたものをフォノンという．

これに対して，電子帯の頂上と伝導帯の底の位置が運動量軸の上で一致している場合は，直接ギャップという．間接遷移はフォノンの介在を要するために直接遷移よりも起こりにくく，一般に吸収も発光も弱くなる．

8.3.3　いろいろな半導体の色

代表的な半導体のエネルギーギャップ E_{g} の値と色を表 8.3 に，吸収スペクトルの例を図 8.5 に示す．いずれも，ある値よりエネルギーの高い光はすべて吸収してしまうという特性なので，透過光の色は赤色，橙色，黄色の系

表 8.3　半導体のバンドギャップと色（『化合物半導体−プロセスと化学』新産業化学シリーズ，白川二 他，日本化学会編（大日本図書，1994）より抜粋）．

化学式	E_g(eV)	波長（nm）	色	ギャップ型
（IV 族）				
C（ダイヤモンド）	5.47	227	透明	間接
SiC（4H 型）	3.26	380	透明	間接
Si	1.12	1106	金属光沢	間接
Ge	0.66	1878	金属光沢	間接
（III−V 族）				
GaN	3.4	365	透明	直接
GaAs	1.43	867	金属光沢	直接
（II−VI 族）				
CdS	2.42	512	橙色	直接
ZnS	3.68	337	白～黄	直接
（その他）				
Cu_2O	2.1	590	赤	直接

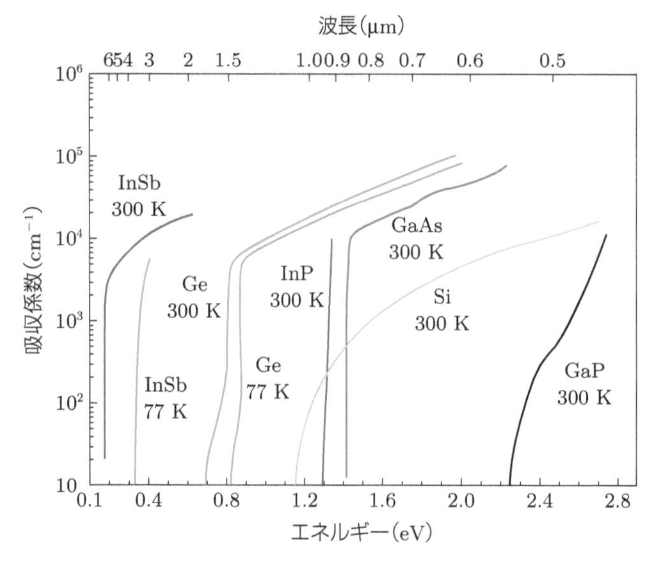

図 8.5　バンド間吸収のスペクトル．化学式の下は測定温度（佐藤勝昭，化学と教育，**69**, 481 (2021)）．

統になる．以下では具体的に半導体がどのような色をもっているかを，図 8.6 の元素周期表に従って見ていこう．

まず半導体の代表であるシリコン（Si）の上下を見ると，上に炭素（C），

II-VI 族

III-V 族

II	III	IV	V	VI
	B	C	N	O
	Al	Si	P	S
Zn	Ga	Ge	As	Se
Cd	In	Sn	Sb	Te

図 8.6　元素周期表：IV 族半導体と化合物半導体．II, …, VI は短周期の IIB, …, VIB の略号．

下にゲルマニウム（Ge）がある．これらの元素は 14 族（IV 族と書く）であり，結晶はすべて sp^3 混成軌道（第 6 章を参照）で共有結合したダイヤモンド構造なので，標準的な比較が可能である（炭素にはグラファイトという同素体もあるがここでは除外する）．錫（Sn）は 13.2°C 以下でダイヤモンド構造が安定相になるが，エネルギーギャップはもたない．

原子番号が大きいほど E_g が小さく，C（ダイヤモンド）は紫外線まで通すので透明，Si と Ge は赤外線しか通さないので黒っぽい金属光沢をもち，残念ながらいずれも色とは認識できない．ところが C と Si からなるシリコンカーバイド SiC（研磨剤として知られている）は，さまざまな結晶型があって複雑であるが，半導体材料として重要な 4H 型ではバンドギャップが 3.2 eV とちょうど良い大きさになっている．これでもバンドギャップはまだ紫外領域なので，純粋なものは透明であるが，発光素子としての可能性が浮上する．

1960 年代には，SiC は，ZnS/ZnSe 系，GaN 系と並んで青色 LED 材料の最有力候補と考えられ，1990 年代には LED が製作されて販売された（三洋電機など）．しかし，光への変換効率は 1993 年に報告された 0.03%（発光波長 470 nm）から大幅に改善されることはなかった．発光過程が間接遷移であるという原理的な問題が最後まで障害となったのである[3)]．SiC は発光材料としては敗北したが，現在では高電圧に耐える（バンドギャップが大きいため）こと，熱伝導度が Si の 3 倍以上も良いことから，パワーエレクトロニクスの材料として活躍している．

8.3.4 青色 LED の発明—化合物半導体

次に化合物半導体を見ていこう．

ゲルマニウム（Ge）の左側に電子が 1 つ少ないガリウム（Ga），右側に電子が 1 つ多いヒ素（As）があり，これを組み合わせると GaAs という半導体ができる．Ga と As は，Ge と同様の sp^3 混成軌道を作るので，そこを両方からの電子を出し合って埋めると，Ge と同様の電子配置が作られ，ダイヤモンド構造の C を交互に Ga と As で置き替えた閃亜鉛鉱(せんあえんこう)構造になる．Ga が正，As が負に分極するので，若干イオン結晶的な性格を帯びる．このように III 族と V 族を組み合わせた半導体を III–V 族化合物半導体という．そのバンドギャップを眺めると，可視から近赤外あたりにあるものが多く，LED や半導体レーザー，光検知器などの光デバイスの材料として重要である．

中でも GaAs をベースとした混晶(こんしょう)は，赤色領域から赤外領域の LED の材料として重要である．III 族の Al, Ga, In（インジウム）と V 族の N, P, As をいろいろな比率で組み合わせることで，バンドギャップを大きく変えることができるため，広い波長範囲をカバーすることが可能である．12.5.1 項で述べる半導体レーザーのほとんどはこの系統のものである．

光から電気への変換では，InSb が 5 μm までの赤外検知器に使われている．受光部に InGaAs の 2 次元アレイを使った赤外線カメラは，Si-CCD の感度がない 1.1～1.7 μm での撮影に用いられている．光とは直接関係しないが，GaAs は Si より応答速度が速いので，電子回路素子の材料としても有用である．

なお，実社会において重要な位置を占めるのが，青色 LED の材料である窒化ガリウム（GaN）である．GaN が近紫外にギャップをもつことは 1960 年代からわかっており，すでに 1970 年頃には金属–絶縁体–半導体の 3 層構造の LED の試作が行われた．しかし，当時は極めて粗悪な結晶しか得られず，実用的なデバイスを構成することは期待できなかった．このため多くの研究者がこの分野から撤退し，より有望と思われていた他の候補物質の研究へと転向した．

ところが 1985 年に，赤崎勇博士，天野浩博士らが無色透明の高品質の GaN 膜を作ることに成功したことにより，ブレークスルーが開かれた[3)]．この間はまさに「ひとり荒野を行く」思いであったと赤崎博士は回想している．

その後，さまざまな難関を乗り越えて，高効率の青色LEDが開発され，照明技術の革命が成就した．持続可能な社会への貢献も大きい．また青色LEDの発展形である青色レーザーは，ブルーレイディスクレコーダー（2003年にソニーより発売）として大容量DVDの実現も可能にした．現在の大量生産に結びつく高品質結晶の作成法や，キャリアー制御法の発見に貢献のあった中村修二博士を加えた3名に対して，ノーベル物理学賞（2014年）が授与されたことは記憶に新しい．

次にII–VI族化合物半導体を見てみよう．

II–VI族半導体も電荷が移動することで，閃亜鉛鉱構造をとるものが多い．可視～近紫外にギャップをもつ物質がいくつもあり，発光素子や光検知器など光デバイスとして利用されている．身近な所では，CdSセルという光検知器がある．これはCdS粉末を適当な添加物と共に焼成したもので，暗い所では抵抗値はMΩ程度であるが，光を当てるとkΩオーダーまで下がる．ヒトの眼と同様に緑に感度のピークがあるので，照度を検知するのに適している．比較的大きな電流を流すことができるので，付属の回路なしにリレーを駆動することができ，しかも堅牢で安価なため，暗くなると自動的に点灯する街灯の制御などに古くから用いられている．

ZnSは，エレクトロルミネッセンス（EL）など蛍光体の母材として広く用いられている．典型的なものは，Cuを発光中心として添加したもので，緑色に発光する．実際に起こっている現象は複雑であるが，ZnS中に析出したCu_xSからZnSに電子が注入され，電場で加速されてCu^+イオンに衝突して発光するものと考えられている．Mnを添加したものは橙色に発光する．発光強度は弱いがLEDと違って大面積のものが容易に作れる．薄いシート状のものは曲げたり，自由な形に切断したりすることもできるので，計器や広告のバックライトの他，デザイン用の素材としての需要もある．

亜酸化銅Cu_2Oはこの分類からは外れるが，半導体としては古典的なもので，詳しい物性が研究されている．銅板を空気中に放置すると，表面にCu_2O膜が徐々に形成される．金属光沢のあった銅貨がくすんだ色になるのはこのためである．バンドギャップは2.1 eV（590 nm）なので，結晶（赤銅鉱（cuprite）として産出する）は赤く見える．整流作用をラジオの検波器として利用された時代もあった．

第9章 ダイヤモンドの色の謎—狭い空間に閉じ込められた電子の色

塩化ナトリウム（NaCl）の結晶に放射線を当てると，さまざまな色がつく．また，アルカリ金属を液体アンモニアに溶かすと，青色の液体になる．これらの現象は，狭い空間に閉じ込められた電子が，可視領域の光を吸収して高いエネルギー準位に励起されるためである．第9章では，狭い空間に閉じ込められた電子の振る舞いと発色機構，ダイヤモンドの色と格子欠陥の関係，実用例などを紹介する．

9.1 量子閉じ込め効果とはなにか？

電子が狭い箱の中に閉じ込められると，とびとびのエネルギーをもつようになる．箱の大きさを小さくしていくと，エネルギーの間隔は広がっていく．この効果を量子閉じ込め効果という．その原理は，クーロン引力で捉えられた電子がとびとびの（離散的な）エネルギー準位を形成するという原子の話と同じであるが，簡単なモデルを使ってあらためて説明しておこう．

図 9.1 (a) は，箱の中（または両端が閉じられたパイプ）の中に作られる音波である．壁に近い所の空気は動かないので必ず節になり，定在波を形成する．(1) は腹が1個，(2) は2個，(3) は3個ある場合であり，振動数（波長）に対応した音が出る．

一方，電子も波であるから，箱の中に閉じ込めると，許される振動数は離散的になる．ただし，電子の場合は，（角）振動数は波数（運動量）の2乗に比例するので，準位のエネルギーは，図 9.1 (b) のように，1, 4, 9, 16, …の位置にくる．

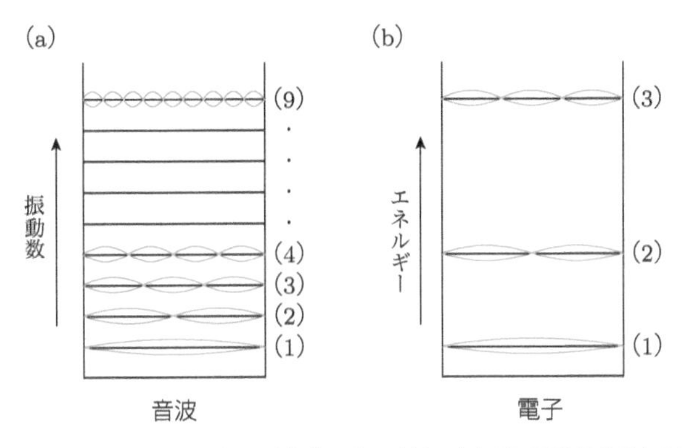

図 9.1　量子閉じ込めのモデル．(a) 箱の中の音波，(b) 箱に閉じ込められた電子．

電子を閉じ込める「箱」とは，無限に高いポテンシャル障壁で囲まれた空間のことであり，井戸型ポテンシャルとよばれる（ポテンシャルはエネルギーと読み替えてよい）．図 9.1 は一次元の閉じ込めを示しているが，現実の物質では文字通り箱のように三次元的に閉じ込められていることが多い．ここで箱の大きさを小さくしていくと，すべての準位の振動数（エネルギー）はサイズの 2 乗（音波の場合は 1 乗）に反比例して増大していく．

9.2 結晶の欠陥が作る色

岩塩（NaCl）の結晶に電子線を当てると琥珀色になる．これは 1886 年に陽極線発見者でもあるゴルトシュタインによってすでに発見されていたが，系統的な色中心の研究は，1920 年代にドイツのゲッチンゲン大学のポールが率いるグループによって開始されたと言われている[1)]．同時期にオーストリアでは，青色の岩塩を調べ始めた研究者もいた．いずれも岩塩の産地が近いことから，このような研究が始まったのであろう．

NaCl の結晶は，アルカリ蒸気の中で蒸し焼きにしたり，高温で針の先から電子を注入したりしても着色する．この着色は格子欠陥によるものである．また，着色した NaCl は，温度上昇につれて琥珀色から赤色を経て青色に変わる．これは過剰に含まれる Na 金属の微粒子（コロイド）ができて，そのサイズが大きくなっていくことが原因であり，光の散乱による色と考えられている．

表 9.1　アルカリハライド（AX）の F 中心による結晶の色と光吸収ピークのエネルギー．

A^+X^-	F^-	Cl^-	Br^-
Li^+	無色（5.3 eV）	黄緑色（3.2 eV）	黄褐色（2.7 eV）
Na^+	無色（3.6 eV）	黄褐色（2.7 eV）	紫色（2.3 eV）
K^+	黄褐色（2.7 eV）	紫色（2.2 eV）	青緑色（2.0 eV）
Rb^+	—	黄緑色（2.0 eV）	青緑色（1.8 eV）

表 9.1 に見られるように，アルカリ金属とハロゲンの化合物（アルカリハライド）が示す鮮やかな色の変化は興味をそそるものであり，1970 年代まで光物性の一大分野を形成していた．こうして確立された固体中の欠陥の概念は，他のハロゲン化物，酸化物，ダイヤモンドなどにおける格子欠陥の理解にも大きく貢献した．

以下では，アルカリハライドをはじめとして，欠陥による着色のしくみを見ていく．

9.2.1　アルカリハライドの色の原因

アルカリ金属（Li, Na など）とハロゲン（F, Cl, Br など）からなるイオン結晶（アルカリハライド）は透明であるが，電子線，X 線などの放射線や紫外線によって色がつく．

この現象は，色中心とよばれる欠陥が生成し，欠陥によって狭い空間に閉じ込められた電子や空孔が光を吸収して，最低エネルギー状態から高いエネルギー状態に遷移することが原因である．

図 9.2 は，代表的な格子欠陥であるフレンケル欠陥とショトキー欠陥を示したものである．いずれも空孔（原子が抜けた穴）の生成を伴うが，前者は弾き出されたハロゲンイオンが格子間の隙間に入るものであり，後者は正規の位置に移動したものである．この空孔に電子が閉じ込められると，電子のエネルギーは離散準位となり，離散準位間の遷移により着色する．結晶中の固定した位置に拘束された電子が有色の原因となるため，色中心（color center）と総称している．色中心にはさまざまなものがあり，代表的な色中心の模式図を図 9.3 に示す．

代表的な色中心は，ハロゲンイオンが 1 個抜けて空孔になった欠陥で，F 中心とよばれている．F はドイツ語で色を意味する Farbe の F に由来する．負のイオンが抜けたためにそこは相対的に正に帯電していることになり，電

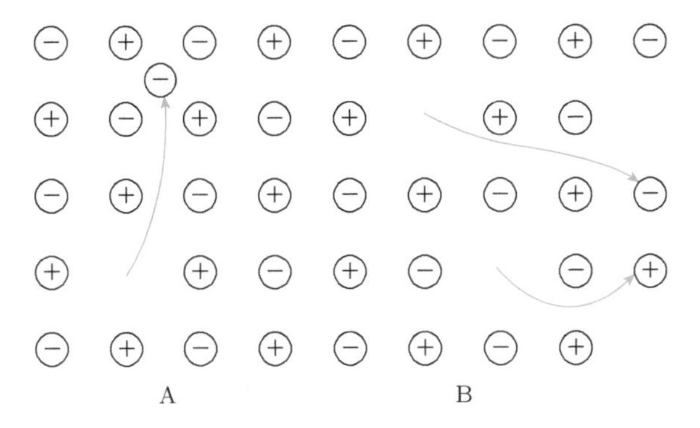

図 9.2　代表的な格子欠陥．(A) フレンケル欠陥，(B) ショトキー欠陥．

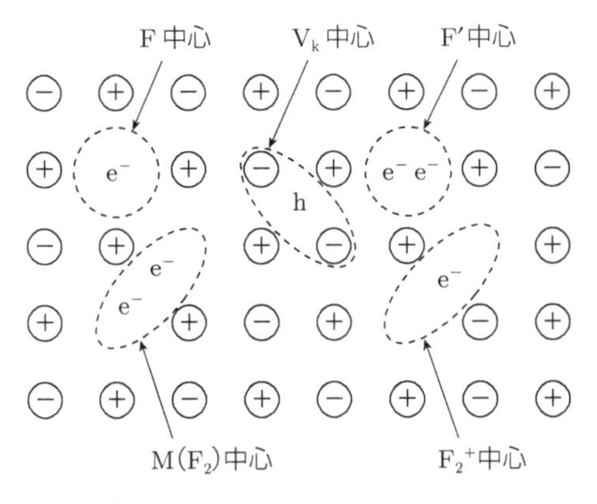

図 9.3　アルカリハライドの代表的な色中心．

子が捉えられる．この状態は，空孔を箱と見立てたモデルでよく表現することができる．表 9.1 に見られるとおり，イオン半径が大きい（原子番号が大きい）ほど箱のサイズが大きくなるのでエネルギー間隔が小さくなり，吸収のピーク位置は低エネルギー方向へ移動する．

9.2.2　ダイヤモンドにブルーやピンクがあるのはなぜか？

純粋なダイヤモンドは炭素元素の単体で，無色透明な結晶である．その結晶構造を図 9.4 に示す．炭素原子間の化学結合は共有結合であり，結晶全体が共有結合で無限につながった巨大分子とみなすことができる．このため，炭素原子の電子準位は幅広いバンド（帯）構造（8.3.2 項を参照）になっている．ダイヤモンドの価電子帯と伝導帯の模式図を図 9.5 に示す．価電子帯

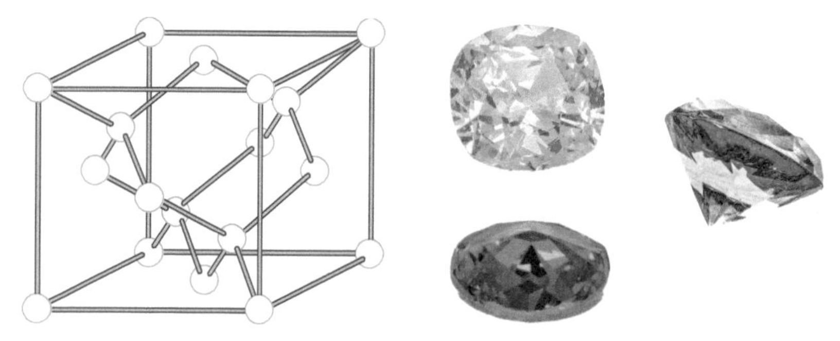

図 9.4　ダイヤモンドの結晶構造と代表的なカラーダイヤモンド.

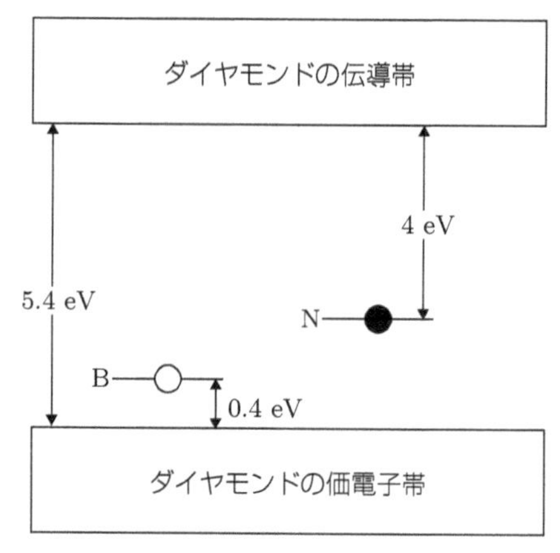

図 9.5　ダイヤモンドの価電子帯と伝導帯の模式図．窒素原子（N）およびホウ素原子（B）の不純物準位.

の上端と伝導帯の下端のエネルギー間隔は 5.4 eV であり，230 nm の紫外光に相当する.

約 10 万個に 1 個の割合で炭素原子が窒素原子に置き換わると，窒素原子の不純物準位が伝導帯の下端より約 4 eV 低エネルギーの所に形成され，炭素原子に比べて 1 個余分の電子が占有される．この電子が光を吸収して伝導帯に励起する．その吸収帯の裾野が青色領域まで広がっているため，黄色のダイヤモンド（イエローダイヤモンド）になり，さらに約千個に 1 個の割合で炭素原子が窒素原子に置き換わると，緑色のグリーンダイヤモンドになる[2)]．窒素原子を不純物原子として含んだダイヤモンドの中には，まれにピンク色のダイヤモンドが現れるが，非常に高価な宝石とされている.

また，不純物原子として炭素原子がホウ素原子に置き換わると，ホウ素原子の空の不純物準位が価電子帯の上端より約 0.4 eV 高いエネルギーの所に形成される．価電子帯の電子がホウ素原子の空の不純物準位に励起される場合，赤外領域に現れる吸収帯の裾野が赤色領域まで広がっているため，青色のブルーダイヤモンドになる[2]．

コラム 9.1 ダイヤモンドと量子情報

ダイヤモンドの色中心で最近脚光を浴びているのが，NV 中心である．これは C が抜けた空孔（Vacancy）と，それに隣接する 4 個の C のうちの 1 つが N に置き換わった複合欠陥である．中性の NV^0 と，電子が 1 つ捕まった NV^- があるが，通常後者を NV 中心とよんでいる．NV 中心を緑色の光で励起すると赤い発光が見られる．この系は量子的に情報を記録することができるため，量子情報の分野で注目されている[3]．

ダイヤモンドは非常に硬いので，qubit（量子ビット）情報を失う確率は毎秒 0.01 程度と推定されている．実際に観測されている寿命は 2 ms 程度であるが，情報処理を行うための一時的なメモリーとして使うには十分な長さと言える．他の固体で情報を保持するには極低温を必要とするが，これを室温で実現できるという点が NV 中心の最大のメリットである．光によって書き込み可/不可をスイッチすることで，数 100 nm の領域に情報を書き込むことが可能になったという報告もある．

9.2.3 水晶の色

石英（水晶）は透明な結晶であり，組成式は SiO_2 で表される．ケイ素原子は酸素原子を架橋として 4 個のケイ素原子と結合している．石英の結晶構造を図 9.6 に示す．

石英のケイ素イオン（Si^{4+}）が約 1 万個に 1 個の割合で不純物であるアルミニウムイオン（Al^{3+}）に置き換わった結晶では，X 線やガンマ線を照射すると欠陥（色中心）が生じ，結晶が黒色を呈する．単結晶の場合，これを黒水晶（くろずいしょう）や煙水晶（けむりすいしょう）という．黒水晶や煙水晶は 400°C 以上に加熱すると，欠陥が消失して無色透明な水晶に変わる．また，ケイ素イオン（Si^{4+}）が鉄イオン（Fe^{3+}）に置き換わった結晶では，X 線やガンマ線を照射すると欠陥（色

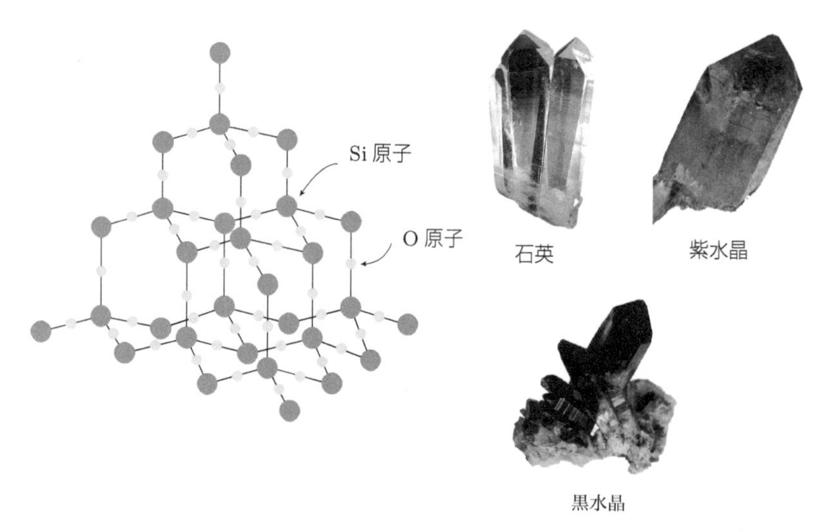

図 9.6　石英の結晶構造と代表的な色水晶.

中心）が生じ，結晶が紫色を呈する．これを紫水晶（アメジスト）といい，宝石として用いられている．

9.3 液体アンモニア中のナトリウムの色

ナトリウムなどのアルカリ金属は液体アンモニア（NH_3，沸点：－33.4℃）に溶け，青色の液体になる．

アルカリ金属元素は，イオン化エネルギーが非常に低く，陽イオンになりやすい．このため液体アンモニア中では，アルカリ金属は陽イオンとなり，その周りをアンモニア分子の窒素原子が取り囲む．さらにアルカリ金属から遊離した電子をアンモニア分子の水素原子が取り囲み（溶媒和電子），エネルギー的に低くなる．その状態の模式図を図 9.7 に示す．

アルカリ金属から遊離した溶媒和電子のエネルギー状態は，アンモニア分子の水素原子で囲まれた狭い空間（半径 0.3～0.4 nm）に閉じ込められるため，離散した準位となる．こうして孤立した溶媒和電子は，その基底状態から励起状態に遷移するとき，赤色領域より長波長の光を吸収するため溶液は青色になる[4]．

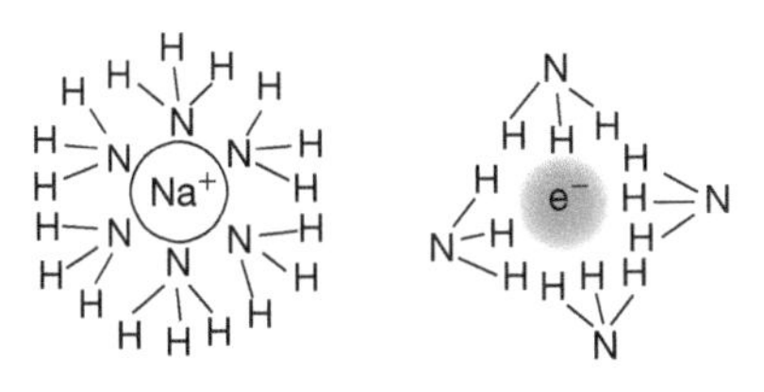

図 9.7　ナトリウム金属が液体アンモニアに溶解したときに形成される Na^+ イオンと電子のまわりの溶媒和の模式図.

この青色の原因は，アルカリハライドの色中心の色の起源とよく似ている．液体アンモニアに溶解したアルカリ金属の濃度が濃くなるとブロンズ色（青銅色）の溶液となり，高い電気伝導度を示すようになる．このような溶媒和電子の存在は，液体アンモニアだけではなく，水素原子をアルキル基（$-C_nH_{2n+1}$）で置換したアミン類の溶媒の中でも観測され，また短寿命であるが水中でも存在し，水和電子とよばれている．

9.4 さまざまな実用例

9.4.1　金ルビーガラス

ガラスの製作過程で，金を 0.01% 程度添加して通常の冷却過程を経ると無色透明なガラスが得られるが，これを 600 ～ 700°C 程度の温度まで再加熱するとアンチモンやセリウムの酸化物の介助により金が析出して 1～10 nm 程度の微粒子（コロイド）ができる．この「鋳造（ちゅうぞう）」という熱処理により，濃い赤色を呈する金ルビーガラスが得られる[5]．

紫色のガラスは 17 世紀にドイツのカッシウスによって発見され，カッシウスの紫として珍重された[6]．この技術は一時廃れたが，19 世紀になってファラデーが，非常に細かい金のコロイドが同様の赤色を示すことを発見し，金ルビーガラスの色の原因は金の微粒子であろうという結論に至った．

第 5 章から第 8 章では，物質の電子状態が起源の発色の原理を説明してきた．多くの有機物や半導体などの色は，個々の電子の振る舞い（エネルギー準位間の遷移）によって理解できたが，金属微粒子による発色には，電子の集団的な励起が関与している．

図 9.8 (a) に示すように，金属の中の自由電子が一斉に右に動くと微粒子の右側が負に帯電する．すると電子はクーロン反発力によって左向きに加速

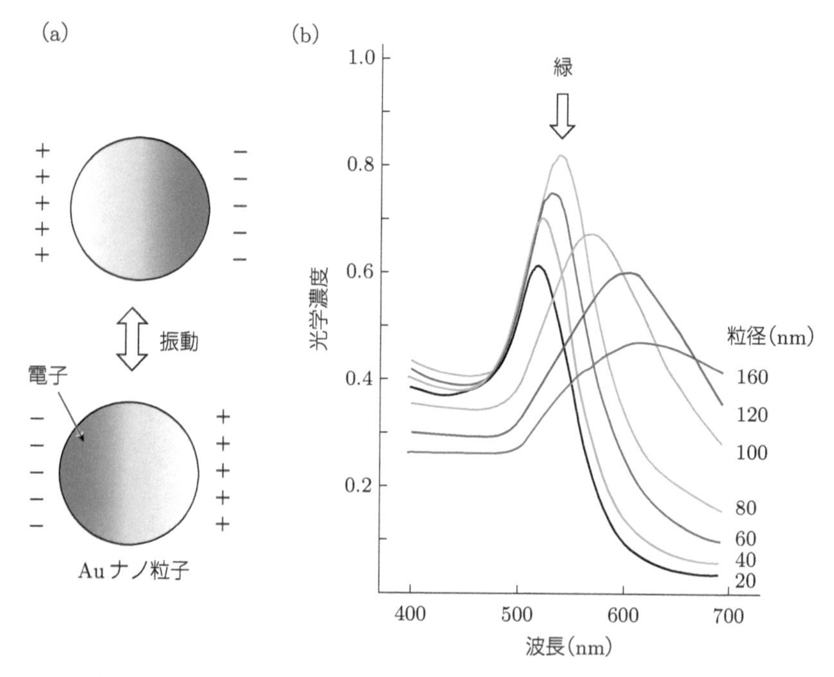

図 9.8　(a) 金属微粒子における局在表面プラズモン振動．影は電子の密度を表す．(b) 金コロイドの吸収スペクトルの粒径依存性（J. Turkevich, et al., *J. Colloid Science*, **9**, *suppl.* 1, 26 (1954)）．

されて移動するので，今度は左側が負に帯電し，電子は右向きに加速される．このような運動を繰り返して起こる電子の振動をプラズモン（プラズマ振動）という．大きな結晶の場合はこの振動が波として伝わっていくが，微粒子の場合は同じ場所にとどまっているので，局在プラズモンとよばれる．

図 9.8 (b) は金のコロイド溶液の吸収スペクトルである[7]．粒子の大きさによってスペクトルは変化するが，粒径が小さい場合は基本的に緑の光を選択的に吸収および散乱している．したがって透過光は補色の赤を呈するが，青から紫の光も少し通り抜けるので，やや紫がかった深い赤色となる．粒径が大きくなるとプラズモンによる吸収ピークは潰れてミー散乱による赤色へと移行していく．ガラス中に適切なサイズの微粒子を析出させるためには，組成や鋳造の温度と時間の注意深い制御が必要で，美しい色を出すには高度な技術を要する[5]．

金ルビーガラスは教会のステンドグラスやガラス工芸品などに用いられている．非常に色の濃いものが作れるので，透明なガラスの表面を金ルビーガラスで被覆して着色するという技術も使われている．これにより高価な金が節約できるうえに，カッティングによって透明部分を露出させることで，美しい模様を作り出すことができるので，切子グラスの素材となる．

現在では価格を下げるために，銅ルビーガラスが使われることもある．銅ルビーガラスは，2 価の銅を含むガラスに酸化スズなどを加えて還元することで得られる．この場合，発色の原因は金属微粒子ではなく，元々赤色を示す酸化銅（Cu_2O）の微粒子である[5)]．色は金の場合に比べるとやや明るい赤色である．

9.4.2 光るシリコン

エレクトロニクスに使用されている半導体は，ほとんどシリコン（Si）である．シリコンは発光の遷移確率が小さく，発光は非常に弱い．しかもバンドギャップが小さいので，発光は赤外領域であり，可視領域の発光は生じない．したがって，発光素子を作るためにはシリコンベースの回路とは別に化合物半導体で作られた LED などを用意する必要がある．もし，すべてがシリコンのワンチップで実現できれば，構造を飛躍的に簡素化できるであろうという期待があった．

1990 年に，表面にある化学処理を施したシリコンを光励起すると，赤から橙色の可視領域で強い発光を示すという論文が英国のカンハムによって報告され，「光るシリコン」として一躍脚光を浴びるに至った[8)]．その化学処理とは，シリコン基板に対してフッ化水素を含む水溶液中で電解エッチングを行うもので，この処理によって表面に多数の微細な穴構造が形成され，多孔質構造ができる．これをポーラス・シリコン（多孔質シリコン）とよぶ．

色はシリコン本来の黒から茶色に変化する．エッチング条件を変えるだけで，発光のピークは 1.2～2.2 eV 付近まで変化させることができる．波長ごとに別の組成の半導体を用意しなければならない化合物半導体に比べると，シリコンという単一の材料で極めて簡単にさまざまな色の光源を用意することができるので，魅力的である．表面の状態は非常に複雑で，当初は発光の起源について，非晶質シリコンであるとか，表面に吸着したシロキセン（Si, H, O で構成される高分子）であるなど，いろいろな説が唱えられたが，結局，シリコンの微細な構造の中に電子が閉じ込められたことより伝導帯にいる電子のエネルギーが上がり，見掛けのギャップが広がるために発光波長が短くなるという量子閉じ込め効果説に落ち着いた．ポーラス・シリコンを使ったLEDも作られ，1% 程度の効率が報告されている[9]．

9.4.3 テレビ・ディスプレイ―量子ドット蛍光体

照明用光源の開発では，太陽光になるべく近いスペクトル，すなわち6,000 K の黒体放射のスペクトルを再現する努力が積み重ねられてきた．なるべくスペクトルが滑らかにつながるように工夫された美術館・博物館の高演色性蛍光灯や，最新の白色 LED ランプがその例である．スペクトルを黒体放射に限りなく近づけることで，物体の色が第 2 章の色度図（図 2.1）の全領域で完全に忠実に再現される．照明用の光源として見た場合には，これを「演色性が良い」という．

ところが，白色光源のもう 1 つの重要な応用であるテレビやパソコンのディスプレイのバックライトとして使用する場合には，演色性の考え方が逆転する．バックライトの場合は，R, G, B の 3 色を混ぜ合わせることで色度図（図 2.1）のなるべく広い範囲を表現することが目標なので，この三角形の頂点になるべく近い所の純粋な色の光源を用意する必要がある．

この困難な要求に応えるものとして，最近注目されているのが量子ドット蛍光体である[10]．ベースとなるのは，主に可視領域にバンドギャップをもつII–VI 族や III–V 族の化合物半導体である．微粒子のサイズを調整することで，量子閉じ込めエネルギーの大きさを変え，発光波長を自由に変えることができる．さらに，量子閉じ込めによって作られたエネルギー準位は離散的で幅が狭いので，発光スペクトルの幅は狭くなり純粋に近い色が得られる．

図 9.9 (a) に量子ドット蛍光体微粒子の構造を示す．バンドギャップの小さいコア部分（CdSe など）と，ギャップの大きいシェル部分（ZnS など）からなる．これにより図 9.9 (b) に示すように電子と正孔は確実に粒子内に閉じ込められ，離散的なエネルギー準位をもつようになる．このような量子ドット蛍光体を組み合わせることで，図 9.10 に示すように分離した R (640 nm), G (525 nm), B (450 nm) のスペクトルを示す蛍光体ができる．なお，450 nm のピークは，励起に使用している青色 LED のスペクトルである．同じグラフに描かれている蛍光体（R），蛍光体（G），蛍光体（B）の曲線は，伝統的な R, G, B 蛍光体のスペクトルであり，これらを足し合わせると，滑らかな白色スペクトルになる．

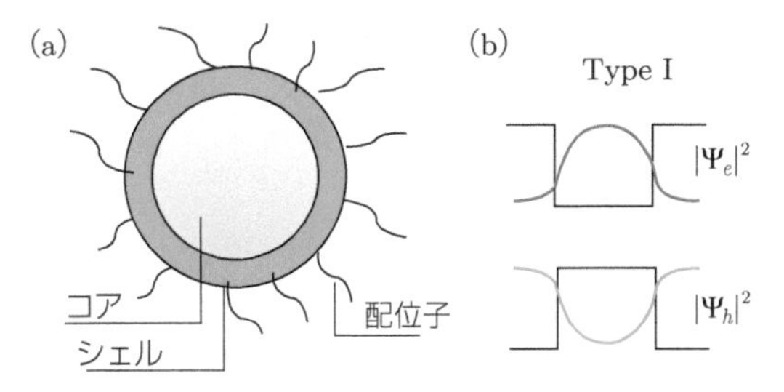

図 9.9　(a) 半導体微粒子のコアシェル構造．典型的な直径は 30 nm 程度である．(b) コアシェル構造の電子と正孔の感じるポテンシャル（Z. Luo, D. Xu, S.-T. Wu, *J. Display Technology*, **10**, 526 (2014)）．

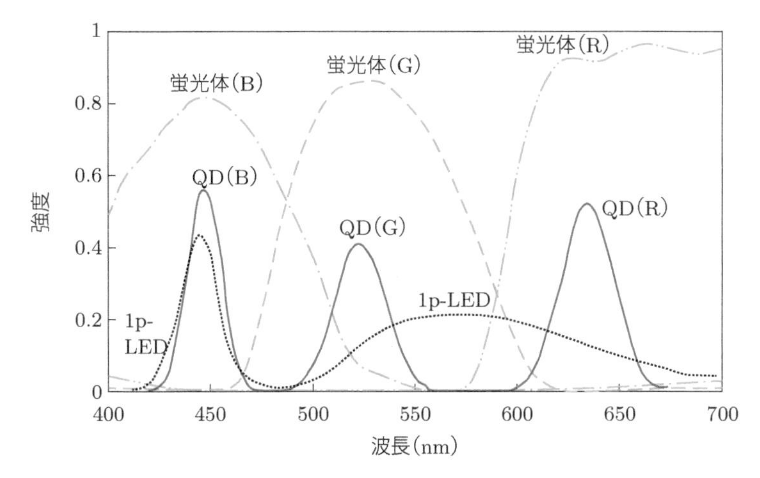

図 9.10　バックライトとしての演色性を高めた白色 LED 光源のスペクトル．蛍光体(B), (G), (R) は通常のバックライト白色光源で使われている蛍光体，QD (B)，QD (G)，QD (R) は量子ドット蛍光体のスペクトル．1p-LED は，青色 LED に黄色の蛍光体のみを加えた一般的な白色光源のスペクトル（Z. Luo, D. Xu, S.-T. Wu, *J. Display Technology*, **10**, 526 (2014)）．

液晶ディスプレイでは，白色バックライトに含まれる各色をフィルターで切り出し，液晶を使ってその強度を制御することで，R, G, B を任意の割合で混合して色を表現している．このようにスペクトル幅の小さい 3 色を混合することで，より広い色域をカバーすることができるようになり，ディスプレイの演色性を向上させることができたのである．なお，量子ドットの先駆者であるバウェンディ，ブルース，エキモフの 3 人は，量子ドットの発見と合成の功績により 2023 年にノーベル化学賞を受賞している．

第10章

色が変化する便利な物質

有機化合物や無機化合物の中には，温度，圧力，磁場などの外部環境によって電子状態や分子構造が変化して色が変わる物質があり，この現象をクロミズム（Chromism）とよんでいる．第10章では，外部刺激によって生じるさまざまなクロミズムについて紹介する．

10.1 温度で色が変化―フリクションボールペン

温度で色が変化する現象をサーモクロミズムという．その原因は，結晶構造の変化や分子の形の変化など，多岐にわたっている．ここでは，代表的な例として，液晶の色が温度によって変化するサーモクロミズムを紹介する．

細長い分子や平板状分子の集合体の中には，ある温度範囲で液体のような流動性がありながら集団として規則性のある配向を示す物質がある．これが液晶である．

細長い分子の液晶で，長軸が平行に並んだ液晶をネマチック液晶といい，分子の重心の位置に規則性が加わって層を形成している液晶をスメクチック液晶という．また，長軸が平面に並び，その平面がらせんのようにねじれている液晶をコレステリック液晶とよぶ．ネマチック液晶，スメクチック液晶およびコレステリック液晶の模式図を図10.1に示す．

液晶の発見の歴史は古く，1888年，オーストリアの生物学者のライニッツァーがコレステロールの研究を行っている中で，液体と固体の性質を併せもつ状態を発見したのが始まりである[1]．その後，室温で液晶を示す分子が開発され，ディスプレイなどの材料として注目されるようになったのは

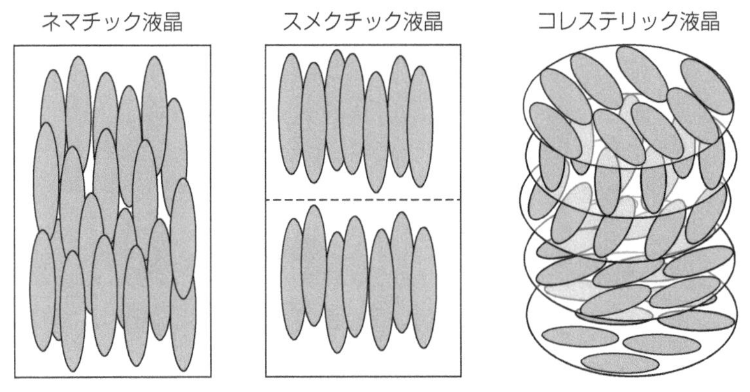

図 10.1　ネマチック液晶，スメクチック液晶およびコレステリック液晶の模式図.

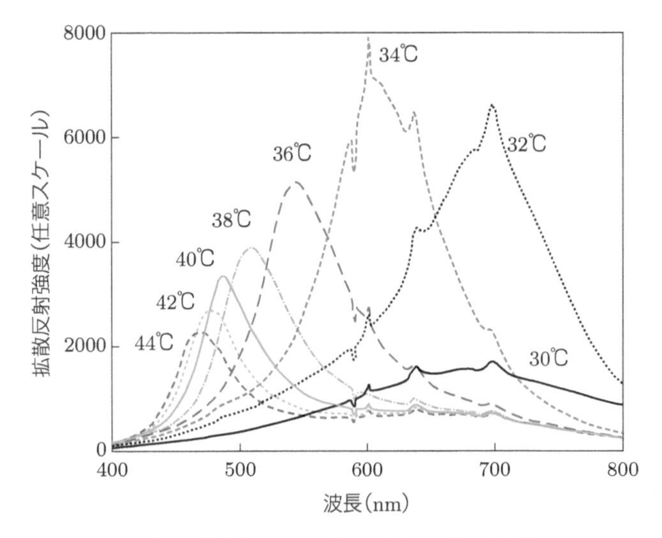

図 10.2　コレステリック液晶の構造色による反射スペクトルの温度依存性（K. Toriyama, S. Tada, K. Ichimiya, S. Funatani, Y. Tomita, *Transactions of the JSME*, **81**, 830（2015））.

1960 年代からであった．そして 1960 年代半ばに，米国のファーガソンはコレステリック液晶の色が温度によって変化する現象を発見し，液晶サーモグラフィーを発展させた[2)].

コレステリック液晶の色は，モルフォ蝶やコガネムシの翅の色の原因と同じ構造色であり，その色の波長ピークはらせんのピッチの周期と屈折率に比例する．なお，コガネムシの翅も，形成の段階で液晶状態を経由してらせん構造を形成している．

図 10.2 は，コレステリック液晶の構造色による反射スペクトルの温度依存性の代表的な例である．温度を 30°C から 44°C まで上昇させると，構造色による反射スペクトルのピークが 700 nm から 470 nm まで連続的にシフトする．このため，コレステリック液晶の構造色は赤色 → 橙色 → 黄色 → 緑色 → 青色に変化する．

コラム 10.1　消しゴムで消せるフリクションボールペン

有機色素の中には，温度や光など外的条件の変化によって分子の構造が可逆的に変化するものがある．一方の分子が無色である場合，ロイコ色素とよぶ．ロイコの名前は，ギリシア語の白（leukou）に由来している．

ロイコ色素の中には，室温で有色，高温で無色になるものがあり，しかも高温で現れた無色のロイコ型分子が室温で安定に存在する現象（ヒステリシス現象）を示すものがある．これを応用したのがフリクションボールペンである（フリクションとは摩擦の意）．このボールペンは文字を消すことができる．これは，消しゴムでこすることにより，摩擦熱で局所的に高温になり，無色のロイコ型分子に変化するためである．なお，フリクションボールペンで書いた書類は公文書として使用できないので，注意が必要である．

10.2 溶媒で色が変化―ライチャート色素

10.2.1　金属錯体のソルバトクロミズム

金属錯体の中で，Cu(II) 錯体や Ni(II) 錯体は，イオンや分子が 4 配位して平面錯体を形成することが多い．このような錯体では，軸方向から分極した溶媒分子が弱く結合した結果，溶液の色が変化する．この現象をソルバトクロミズムとよぶ．

図 10.3 は，Cu(II) 錯体のさまざまな溶媒中の光吸収スペクトルを示したものである．極性の弱いジクロロメタンやジクロロエタンが溶媒の場合，3d–3d 遷移による光吸収スペクトルのピークは 500 nm 付近に現れ，溶液は赤色を呈する．溶媒分子の極性が強くなるにしたがって吸収ピークは 500 nm から 600 nm にシフトし，溶液の色は赤色 → 緑色 → 青色に変化していく．

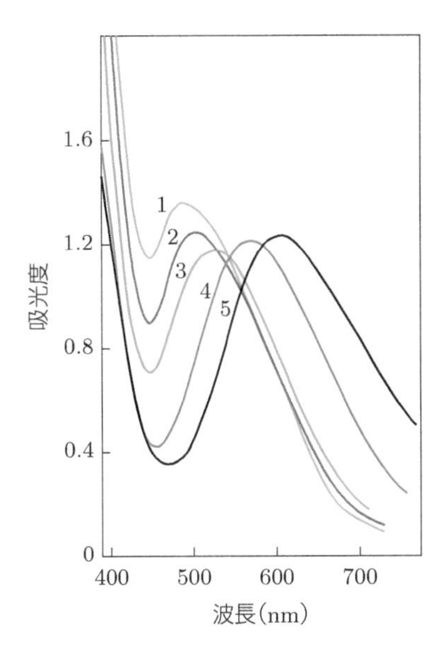

図 10.3　Cu(II) 錯体のさまざまな溶媒中の光吸収スペクトル．1：ジクロロメタン，2：1,2–ジクロロエタン，3：ニトロメタン，4：アセトン，5：DMF（ジメチルスルフォキシド），(A. Shimura, M. Mukaida, E. Fujita, Y. Fukuda, K. Sone, *J. Inorg. Nucl. Chem.*, **36**, 1265 (1974)）．

10.2.2　有機色素のソルバトクロミズム

極性をもった有機色素の中には，溶媒の極性の強度に依存して色が変化するものがあり，ドイツのライチャートによって開発された有機色素（ライチャート色素）が代表的な例である[3]．ライチャート色素の分子構造を図 10.4 に示す．この色素の吸収ピークの波長は，溶媒の極性の値が大きくなるほど長波長側にシフトする．このためライチャート色素は，溶媒の極性の強さを判定する指示薬になっている．

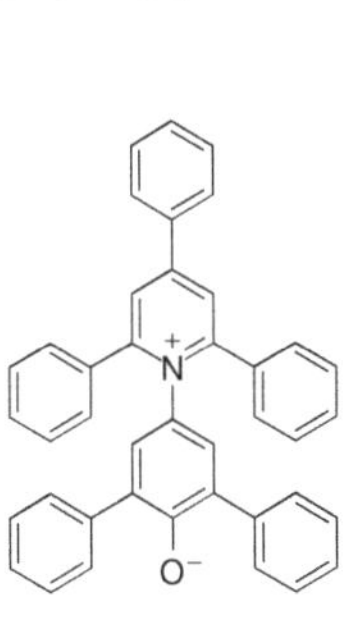

図 10.4　ライチャート色素の分子構造．

10.3 蒸気で色が変化—有害物質の検知

水蒸気やアンモニア，あるいはメタノールなどの気体に晒されると色が変化する現象を，ベイポクロミズムという．例えば，金属錯体の中でも，Cu(II)錯体，Ni(II) 錯体，Pt(II) 錯体などは，イオンや分子が配位して 4 配位の平面錯体を形成することが多いため，軸方向から気体分子が弱く結合した結果，吸収スペクトルの波長が変化することにより物質の色が変わり，鋭敏なベイポクロミズムを示す．このような物質は有害な気体の検知などに応用できる．

10.4 圧力で色が変化—圧力インジケーター

圧力に応答して物質の色が変化する現象をピエゾクロミズムという．ここではその代表的な物質として，圧力で色が変化する Ni–ジメチルグリオキシム錯体を紹介する．

平面分子である Ni–ジメチルグリオキシム錯体（[Ni(dmg)$_2$]）は，図 10.5 に示すように一次元に積み重なって一次元鎖状錯体（[Ni(dmg)$_2$]$_\infty$）を形成する．このため，一次元方向に電子雲が広がった $3d_{z^2}$ 軌道および $4p_z$ 軌道

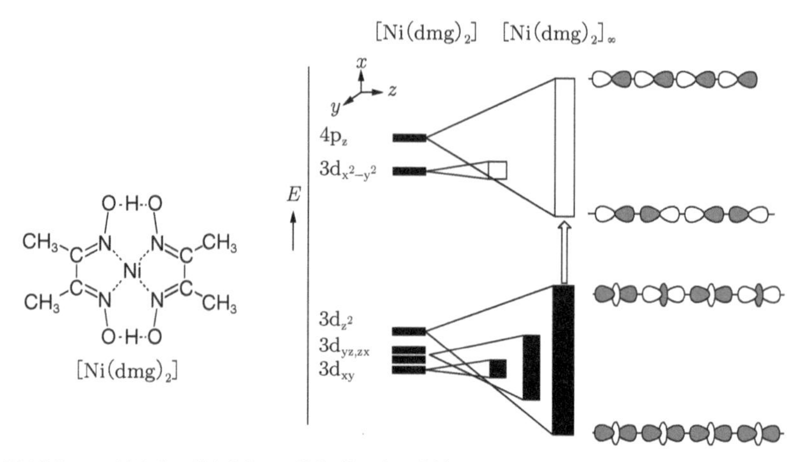

図 10.5 Ni–ジメチルグリオキシム錯体（[Ni(dmg)$_2$]）の分子構造とその一次元鎖（[Ni(dmg)$_2$]$_\infty$）が作る 3d および 4p 軌道のバンド．

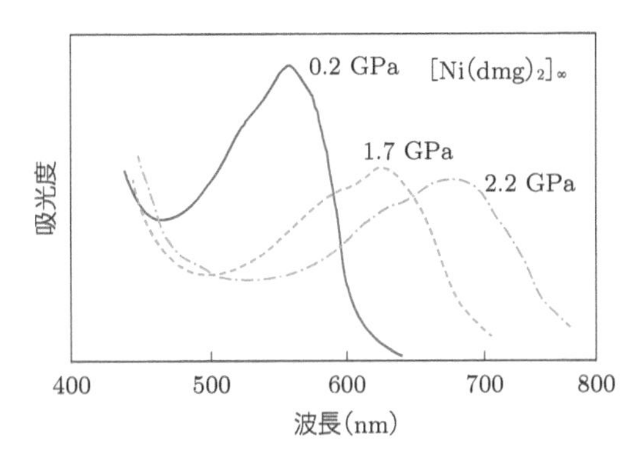

図 10.6 Ni-ジメチルグリオキシム一次元錯体（$[Ni(dmg)_2]_\infty$）の可視吸収スペクトルとその圧力変化．0.2 GPa（赤色），1.7 GPa（緑色），2.2 GPa（黄色）．1.0 GPa は 1 万気圧に相当する（I. Shirotani, et al, *Bull. Chem. Soc. Jpn.*, **65**, 1078 (1992)）．

は広いバンドを形成し，それぞれ価電子帯と伝導帯となる．したがって，可視領域に現れる最も長波長の光吸収スペクトルは，$3d_{z^2}$ 軌道から $4p_z$ 軌道への電子遷移に対応している．このため，$[Ni(dmg)_2]$ に圧力が加わると Ni^{2+} イオン間距離が縮まり，$3d_{z^2}$ 軌道および $4p_z$ 軌道のバンド幅が広がっていく．

図 10.6 に $[Ni(dmg)_2]_\infty$ の可視吸収スペクトルとその圧力変化を示す．$3d_{z^2}$ 軌道から $4p_z$ 軌道への電子遷移に対応した光吸収スペクトルのピーク波長は，圧力とともに長波長側（低エネルギー側）に大きくシフトし，結晶の色は赤色 → 緑色 → 黄色に変化するため，圧力インジケーターとしての用途がある．

10.5 光で色が変化—光情報記録媒体

同じ分子式でも構造が異なる分子を異性体といい，光照射によって別の構造の異性体に変化する現象を光異性化という．この光異性化で色の変化を伴うものがあり，この現象をフォトクロミズムとよぶ．ここでは代表的な分子として，スピロオキサジンとジアリールエテンを紹介する．

10.5.1 調光サングラス—スピロオキサジン

スピロオキサジンの分子構造を図 10.7 に示す．紫外光を照射する前のスピロオキサジンの構造をスピロ型といい，無色である．スピロ型の中心部にある炭素原子には 4 本の σ 結合があり，π 電子は存在しない．このためスピ

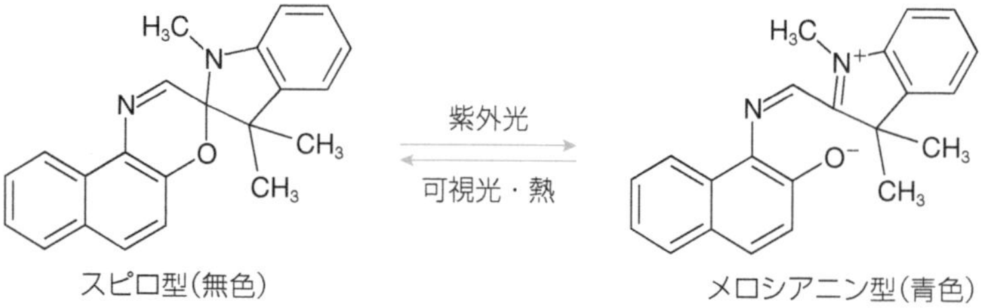

スピロ型(無色)

紫外光

可視光・熱

メロシアニン型(青色)

図 10.7　スピロオキサジンの光異性化とフォトクロミズム．

ロ型では，π 電子は左右の部分に分断されている．したがって，HOMO（最高被占軌道）と LUMO（最低空軌道）の間隔が紫外領域となり，スピロ型は無色になる．

ところが紫外光を照射すると，HOMO の電子が LUMO に励起されて光異性化反応が起こり，メロシアニン型になる．メロシアニン型では，中心の炭素原子と酸素原子間の結合が切れることにより π 電子が分子全体に広がるため，HOMO と LUMO の間隔が可視領域まで下がって青色を呈するようになる．メロシアニン型の分子は，可視光または熱によって元のスピロ型に戻る．この現象を利用して，光でレンズの色が変化する調光サングラスなどに応用されている．

10.5.2　光情報記録媒体―ジアリールエテン

ジアリールエテンの分子構造を図 10.8 に示す．紫外光を照射する前の構造は開環体である．この開環体はねじれた構造であり，π 電子はほとんど左右に分断されている．したがって，HOMO と LUMO の間隔は紫外領域であり，開環体は無色となる．

さて，開環体のジアリールエテンに紫外光を照射すると，HOMO の電子が LUMO に励起されて光異性化反応が起こって閉環体となり，π 電子が分子全体に広がるため，HOMO と LUMO の間隔が可視領域まで下がって色を呈するようになる（図 10.9）．閉環体のジアリールエテンは熱では開環体に戻ることはできず，可視光で無色の開環体に戻ることができる．短時間（フェムト秒）の紫外光と可視光でフォトクロミズムを制御することができるジアリールエテンは，光情報記録媒体として応用されている．

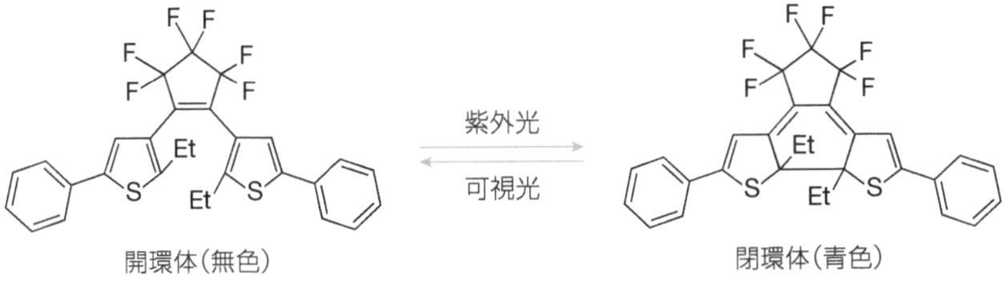

紫外光

可視光

開環体（無色）　閉環体（青色）

図 10.8　ジアリールエテンの分子構造の一例とその光異性化．Et = C_2H_5

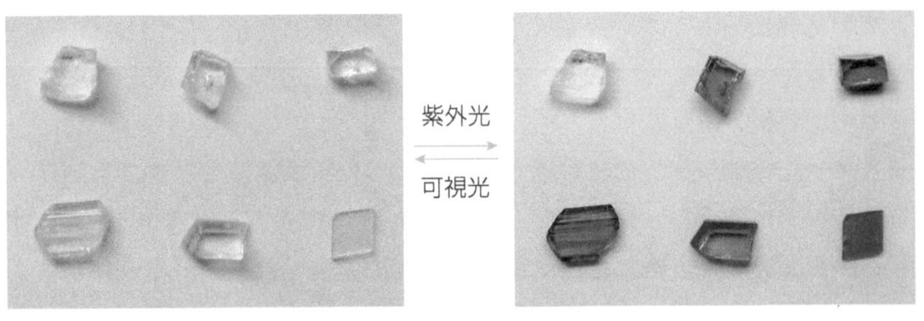

図 10.9　さまざまなジアリールエテンの光異性化による色変化（T. Fukaminato, S. Kobatake, T. Kawai, M. Irie, *Proc. Japan Academy*, *Ser. B*, **77**, 30 (2001)）．

コラム 10.2　調光サングラス

光によってレンズの色が変化する調光サングラスは，1964 年に塩化銀の光化学反応を利用して開発されたのが最初である．無色の塩化銀（AgCl）の微粒子（5～50 nm）を溶融させたサングラスは，紫外線が当たる前は透明であるが，野外で紫外線が当たると $2\,AgCl \rightarrow 2\,Ag + Cl_2$ の反応により黒色の銀微粒子が析出して色が暗くなり，紫外線が弱い室内に入ると元の AgCl に戻って透明なサングラスになる．

その後，1980 年代から 1990 年代にかけて，スピロオキサジンやジアリールエテンなどの有機フォトクロミック材料でコーティングしたプラスチック製の調光サングラスが開発され，現在の主流となっている．この場合，紫外線が当たる前は無色であるが，紫外線が当たると光異性化反応によって分子の構造が変化し，有色のサングラスになる．この光異性化反応は可逆的であり，可視光で元の無色の分子に戻る．

10.6 電場で色が変化

電場をかけると色が変化する現象をエレクトロクロミズムという．ここでは，電場によって生じる酸化還元反応で物質の色が変わる代表的な例と，電場によって固体の中に色中心が生じる代表的な例を紹介する．

10.6.1 メチルビオロゲンのエレクトロクロミズム

有機化合物の中には，酸化還元反応により安定なラジカル（不対電子をもつ分子）が生成して色が変化する場合がある．その代表的な例が，パラコートという農薬の商品名で知られている 2 価陽イオンのメチルビオロゲンである．メチルビオロゲンの酸化還元反応による分子構造の変化を図 10.10 (a) に示す．中性を保つための対イオンは塩化物イオン（Cl^-）である．この物質は無色であるが，還元されて電子が供与されると青色のラジカルになる．

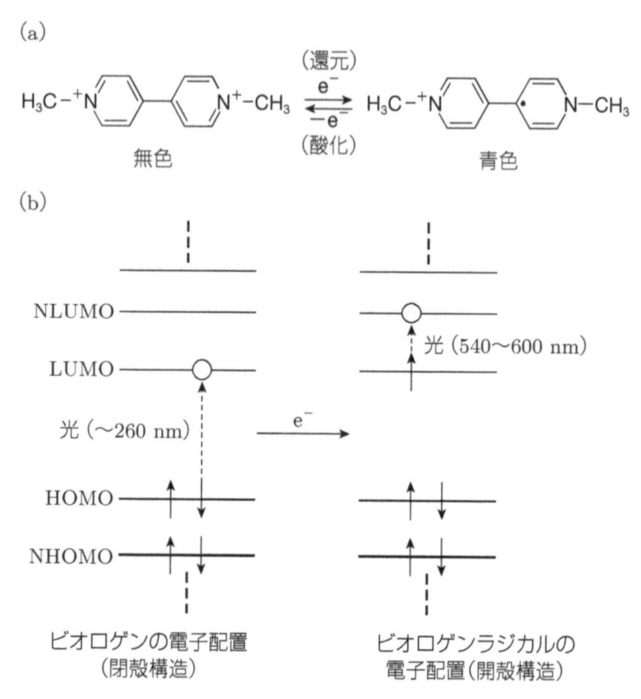

図 10.10　(a) ビオロゲンのエレクトロクロミズム，(b) ビオロゲンおよびビオロゲンラジカルの電子配置．

1970年にメチルビオロゲンを用いて電場によるエレクトロクロミズムの表示素子が発表されて以来，ビオロゲン誘導体による表示素子が盛んに研究された．メチルビオロゲンの分子軌道の準位図を図10.10(b)に示す．2価陽イオンのメチルビオロゲンのHOMOとLUMOのエネルギー差は紫外領域（～260 nm）にあるため物質は無色であるが，還元されてLUMOに電子が入ると，可視領域の光（540～600 nm）を吸収してLUMOから2番目の励起状態の軌道に電子が励起される．このため，還元されたメチルビオロゲンは青色になる．なお，ビオロゲン類は毒性があり，取り扱い注意である．

10.6.2　希土類フタロシアニン錯体のエレクトロクロミズム

一般に金属錯体は複数の価数をもち，酸化還元反応で色の変化を伴うため，エレクトロクロミズム材料として関心がもたれている．代表的な例は，ルテチウム・フタロシアニン錯体（$LuPc_2$）であり，その分子構造を図10.11に示す．この錯体では，希土類イオンであるルテチウムイオン（Lu^{3+}）の上下からフタロシアニンイオン（Pc）が配位した構造になっている．

この錯体は分子全体として5種類の価数をとることができ，それらの錯体は下記のように，紫色から赤色まで変化する．

$$LuPc_2^{2-}\,(紫) \leftrightarrow LuPc_2^{-}\,(青) \leftrightarrow LuPc_2\,(緑) \leftrightarrow LuPc_2^{+}\,(橙) \leftrightarrow LuPc_2^{2+}\,(赤)$$

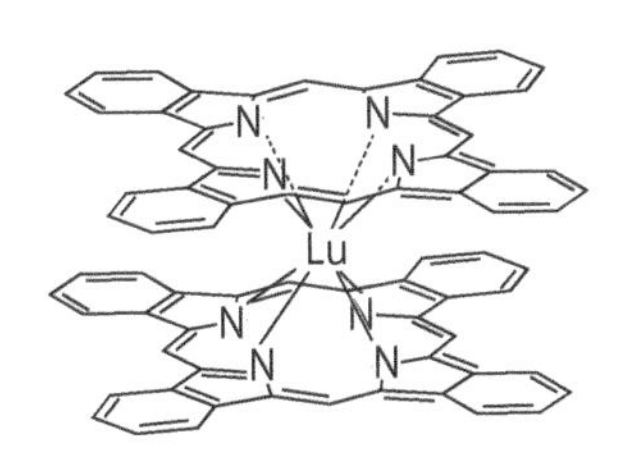

図10.11　ルテチウム・フタロシアニン錯体（$LuPc_2$）の分子構造．

10.6.3　金属酸化物のエレクトロクロミズム

透明な電極ITO（In_2O_3:Sn）に金属酸化物を塗布した薄膜に電場をかけると色が変わるため，表示素子として用いられている．代表的な金属酸化物として三酸化タングステン（WO_3）がある．WO_3におけるWの価数はW^{6+}であり黄色を呈する．WO_3の薄膜に電場をかけて還元するとW^{6+}イオン

の一部は W^{5+} となり，青色に変化する．

10.7 磁場で色が変化—液体酸素はなぜ青い?

磁場や磁気相互作用の変化で色が変化する現象をマグネトクロミズムという．例えば酸素は沸点が 90 K であり，液体酸素は淡青色である（図 10.12）．この淡青色は，酸素分子が常磁性であること，酸素分子間に働く反強磁性相互作用（電子スピンを反平行にする相互作用）が原因である．磁場をかけていくと，酸素分子の電子スピンが磁場の方向に揃い，次第に青色が消えていく（図 10.12 (c)）．

その他のマグネトクロミズムの代表的な例としては，磁気キラル二色性という現象がある．中心対称性が破れた磁性体などの場合，物質の磁化の向きとその物質中を進む光の向きが同じか反対かによって，電子遷移の強度が異なるために物質の色が異なる．この現象は，磁場で物質を透過する光の強度を制御できることから，光スイッチなどのデバイスとして注目されている[4]．

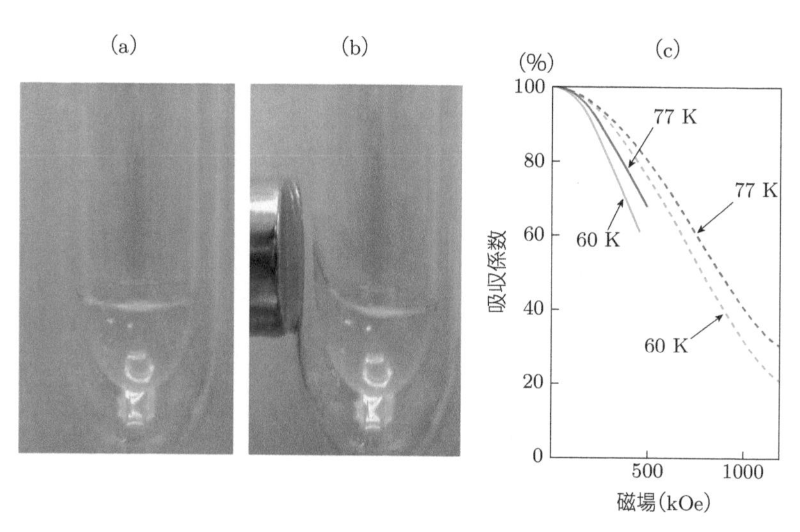

図 10.12　(a) 液体酸素の写真．液体酸素は沸点が 90 K の淡青色の液体である．(b) 磁石を近づけると液体酸素は磁石に吸い寄せられる（『現代物性化学の基礎 第 3 版』小川桂一郎・小島憲道（講談社，2021），p. 86），(c) 磁場を強くしていくと，液体の青色は薄くなっていく．実線は実験値，破線は理論値である（C. Uyeda, A. Yamagishi, M. Date, *J. Phys. Soc. Jpn.*, **55**, 468 (1986)）．

10.8 pHで色が変化―リトマス試験紙のしくみ

植物の花に含まれる色素は，土壌のpHの値で色が変わることはよく知られている．例えば，アジサイの根元に硫安（$(NH_4)_2SO_4$）などの酸性の肥料を入れると花は青色になり，炭酸カルシウムや炭酸マグネシウムなど塩基性の肥料を入れるとピンク色の花になる．

水溶液や土壌が酸性か塩基性かを表す数値としてpHが用いられ，式(10.1)のように水素イオン濃度［H^+］の対数で表される．

$$\mathrm{pH} = -\log[\mathrm{H}^+] \tag{10.1}$$

pHのpは冪（べき）の英語名(power)の略号であり，Hは水素イオンを表している．$\mathrm{pH}=7$が中性で，$\mathrm{pH}<7$が酸性，$\mathrm{pH}>7$が塩基性である．

pHを調べる簡易な方法は，よく知られているリトマス試験紙である．リトマス（litmus）の名前は，古い英語である「色素（lita）をもつ苔（moss）」に由来している．リトマス苔は地衣類の仲間で，地中海地方の沿岸の岩や木などに自生しており，この苔から抽出した紫色の色素がリトマスである．

リトマスは複数の色素を含んでおり，酸性側では赤色になり，塩基性側では青色になる．リトマス苔から抽出したリトマスをエタノールに溶かし，これにアンモニア水を添加して青色に変色させた後，濾紙に浸み込ませて乾燥させると青色リトマス試験紙となる．一方，希塩酸または希硫酸を添加して赤色に変色させた後，濾紙に浸み込ませて乾燥させると赤色リトマス試験紙ができあがる．水溶液が酸性の場合は青色リトマス試験紙が赤色に変化し，塩基性の場合は赤色リトマス試験紙が青色に変化する．

リトマス試験紙は便利な試験紙であるが，pHの値を詳しく調べるには，pHの値によって鋭敏に色が変化する複数のpH指示薬が必要になる．表10.1は代表的なpH指示薬とpHによる色変化を示したものである．複数のpH指示薬を濾紙に浸み込ませたものが，万能pH試験紙である．例えば，チモールブルー，ブロモチモールブルー，フェノールフタレインの3種類の試薬をエタノールに溶かして濾紙に浸み込ませた後，乾燥させると万能pH試験紙ができあがる．この試験紙を使うと$\mathrm{pH}<3$で赤色，$3<\mathrm{pH}<6$で黄色，$6<\mathrm{pH}<9$で緑色，$9<\mathrm{pH}$で紫色になる．

表 10.1　主な pH 指示薬と色変化．表中の無は，無色を表す．

pH 指示薬	0	1	2	3	4	5	6	7	8	9	10	11	12	13
チモールブルー	赤			黄				黄			青			
メチルオレンジ			赤			黄								
ブロモチモールブルー						黄			青					
フェノールフタレイン								無			赤			
アリザリンイエロー										黄			赤	

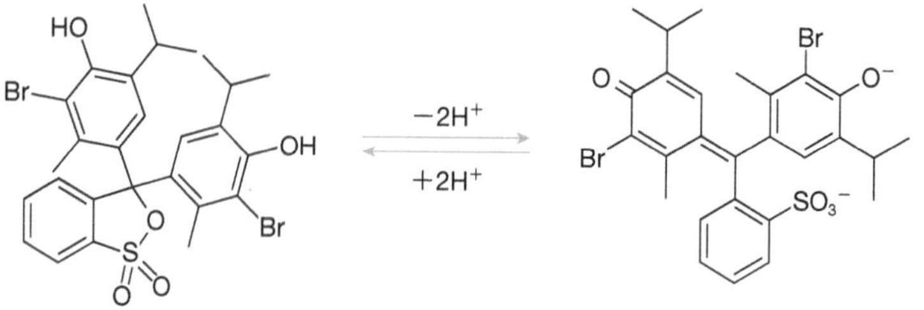

pH<6（黄色）　　pH>8（青色）

図 10.13　ブロモチモールブルーの pH による構造変化と色変化．

図 10.13 は，pH 指示薬であるブロモチモールブルーの分子構造と色の pH による変化を示したものである．ブロモチモールブルーは pH<6 の条件では，中心にある炭素原子は 4 個の σ 結合をもっているため，π 電子（$2p_z$ 軌道の電子）は存在しない．このため，π 電子は分子全体に広がることができず，3 個のベンゼン環に分断されており，HOMO と LUMO のエネルギー差に相当する青色領域の光（～430 nm）を吸収するため黄色を呈する．ところが，pH が高くなると OH 基からプロトン（H^+）が離脱して分子が平面構造となり，中心の炭素原子に π 電子が現れる．こうして中心の炭素原子に現れた $2p_z$ 軌道の電子を媒介として π 電子が分子全体に広がるため，HOMO と LUMO のエネルギー差が赤色領域（～620 nm）まで低下し，ブロモチモールブルーは青色を呈する．

pH による色の変化は pH 指示薬のみならず，癌細胞の可視化やイオン交換膜中のプロトン（H^+）の流れの可視化などに利用されている．

第11章

発光する物質

物質に光が入ると，基底状態にある電子が光を吸収して高いエネルギーの状態（励起状態）に遷移するが，この励起状態には寿命があり，やがて安定な基底状態に戻る．このとき吸収したエネルギーを再び光として放出する現象があり，蛍光とよばれている．また，電流や化学反応のエネルギーを使って発光する物質もある．発光する物質は，レーザー，照明や表示素子，PCやスマートフォンのバックライトなど身の回りの生活において必要不可欠な材料である．第11章では，発光する物質とその原理および物質設計について紹介する．

11.1 蛍光とはなにか?

励起された電子が基底状態に戻る過程には，(1) 光を放出して基底状態に戻る過程（発光過程）と，(2) エネルギーを分子や結晶格子の振動に分配して基底状態に戻る過程（非放射過程）がある．(1) の過程による発光を蛍光（ルミネッセンス）という．

吸収された励起光の光子1個当たり何個の光子が蛍光として放出されるかを比で表したのが量子効率である．量子効率の高い物質は，蛍光材料として広く用いられている．多くの物質が光を吸収しても発光しないのは，励起された電子が非放射過程によって基底状態に戻るからであり，光を照射すると物質が熱くなるのは，非放射過程によってエネルギーが分子や格子の振動に分配されるからである．励起された電子が基底状態に戻る発光過程と非放射過程を図11.1に示す．

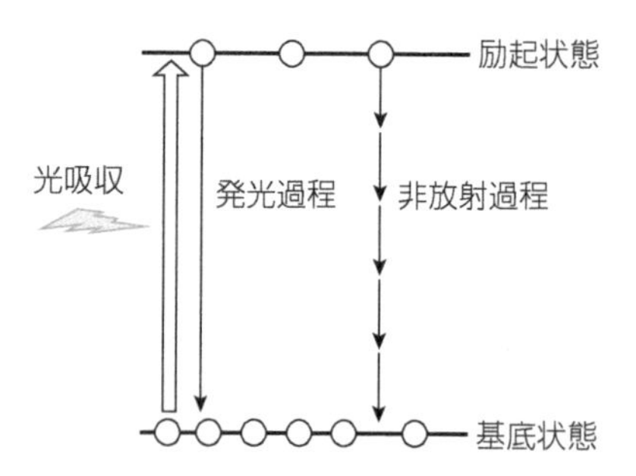

図 11.1　励起状態から基底状態に戻る過程．(1) 発光過程，(2) 非放射過程．非放射過程では励起状態のエネルギーを分子や格子の振動エネルギーに分配して基底状態に戻る．

11.1.1　フランク・コンドンの原理

電子と振動（格子振動，分子振動）の相互作用によって，光吸収や発光のスペクトルに非常に大きな幅が生じる場合がある．物質が光を吸収・発光する過程で分子や格子の振動を誘起することは，次のフランク・コンドンの原理を使って説明することができる．

簡単のために図 11.2 (b) に示すような仮想的な 2 原子分子を考えてみよう．R_1 は基底状態における平衡核間距離である．バネは原子間力を表している．平衡位置の近傍におけるポテンシャルエネルギーは，図 11.2 (a) に示すような放物線で近似できる．そして，分子はこの平衡位置 R_1 を中心に固有振動数で振動する．電子の励起状態では，一般に結合力が弱まるので，平衡状態での核間距離は少し伸びて R_2 になる．その近傍でのポテンシャルは，図 11.2 (a) のように R_2 を中心軸とする放物線になる．ここでは簡単のために放物線の曲率は同じとし，したがって固有振動数は基底状態と等しいと仮定しておく．

いま，黒丸で示した基底状態の底から光によって電子を励起状態のポテンシャル曲線上に遷移させよう．原子核は電子より数千倍質量が大きいのですぐには動き出すことはできず，電子が遷移した直後は間隔が R_1 のままであると考えてよい．言い換えれば，遷移は上向きの矢印で示したように，「垂直に」起こることになる．これをフランク・コンドンの原理という．励起状態の平衡位置は R_2 にあるので，その地点は安定ではなく，原子核はポテンシャル上の極小点を目指して動き出す．もし振動のエネルギーを失う機構がなければ，分子はそのままの振幅で振動を続けることになる．こうして電子はそのエネルギーの一部を振動に受け渡したことになる．この振動のエネル

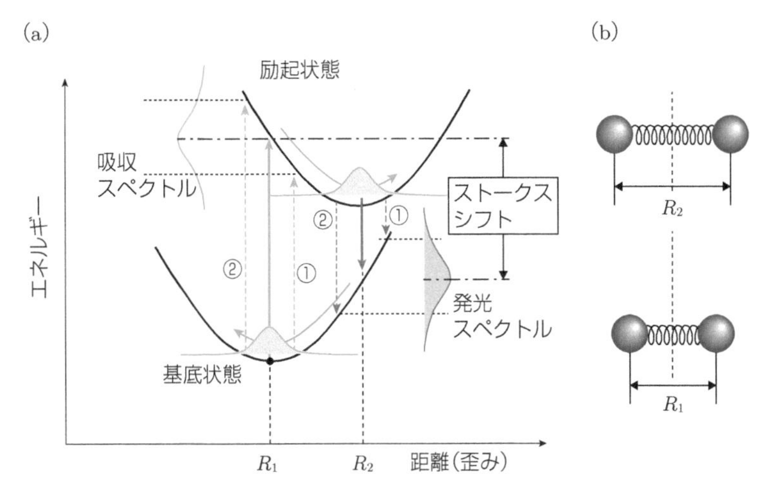

図 11.2　フランク・コンドンの原理. (a) 2 原子分子の基底状態と励起状態の断熱ポテンシャル. (b) そのときに仮定した 2 原子分子.

ギーは分子同士の衝突などによって失われ，励起状態での核間距離は次第に新しい平衡位置 R_2 に落ち着いていく.

上の説明では平衡位置 R_1 で遷移が起こると説明したが，実際は核間距離は熱運動や量子力学的な揺らぎによって，極小点の近傍である程度の幅をもって分布している（分布の形状を影つきの曲線で示した）. したがって，たまたま少し右に寄った瞬間に①の遷移が起これば少し低い位置に，左に寄った瞬間に②の遷移が起これば，少し高い位置に遷移することになる（上向きの破線矢印）. 言い換えれば，①の場合は振動に与えるエネルギーは小さく，②の場合は大きい. 破線矢印の長さを見れば，①の場合は低エネルギー，②の場合は高エネルギーの光吸収を与えることがわかるであろう. このような理由で，吸収スペクトルに大きな幅ができるのである. 電子と振動の結合が強ければ，すなわち励起状態の放物線の傾きが大きければ，幅は大きくなる. 発光の場合も全く同じ理由でスペクトルに幅ができる.

この発光過程でもう 1 つ注目すべきことは，吸収と発光のエネルギー差である. 吸収，発光の両方の過程でエネルギーを振動に渡してしまうので，発光のエネルギーは吸収のエネルギーよりかなり小さくなる. この差をストークスシフトといって，電子と振動の結合の強さの目安になる. ちなみに原子の吸収，発光の場合は，フラウンホーファー線の説明（5.2 節）にあったとおり，吸収と発光のエネルギーは完全に等しい．

11.2 固体の発光

2 原子分子を例にとって説明したが，固体の場合も核間距離の代わりに格子歪みを横軸にとって考えれば，全く同じ議論ができる．例えば図 11.3 に示すように，発光中心に捕まっている電子の雲が基底状態では小さくて格子を内側から押し広げているが，励起状態では電子雲が広がって押し広げる力が弱まり，格子の歪みが小さくなるというような状況があるとする．この場合，前者を図 11.2 の R_1，後者を R_2 に対応させ，横軸の左方向を完全結晶からの歪みの大きさと読み替えればよい．ただし固体の場合は，いろいろなパターンの歪みがある（均等に膨らむ，縦に伸びる，横に伸びるなど）ので，歪みの軸は複数になって状況は複雑である．

図 11.4 にダイヤモンドの NV 中心（第 9 章コラム 9.1 参照）の発光スペクトルを示す[1)]．700 nm 付近を頂上とする山形の構造は，図 11.2 の発光スペクトルに対応し，格子振動の量子（フォノン）の放出を伴った発光なので，フォノンサイドバンドとよばれる．低温（1.8 K）で凸凹しているのは，放出するフォノンの数 1 個，2 個，…に対応するピークがある程度分離して見えているためである．発光スペクトルはフォノンのエネルギーの数個分の幅をもっていることがわかる．

低温で左端に見える鋭いピークは，ゼロフォノン線といって，格子振動を全く誘起することなく，励起状態の平衡位置から基底状態の平衡位置に直接遷移する発光である．分子で言えば核間距離が瞬間的に，R_2 から R_1 に変化

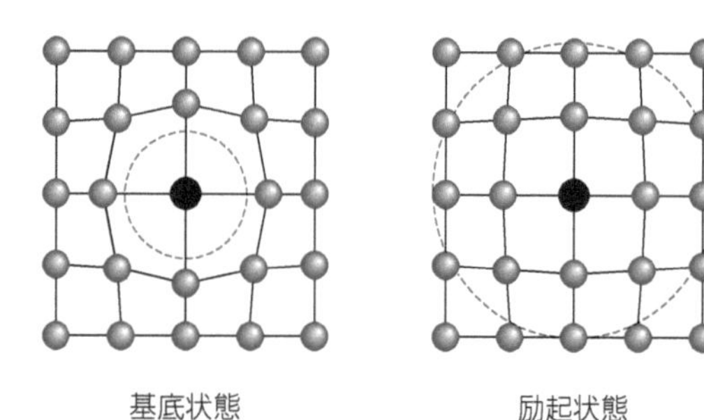

図 11.3　局在光学中心の近傍における格子の歪みの模式図．

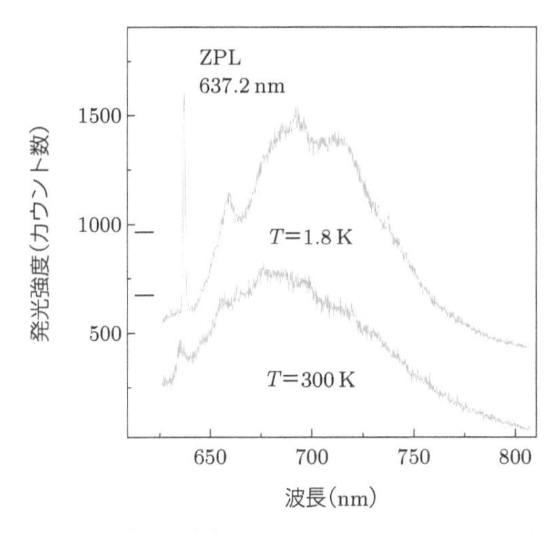

図 11.4　ダイヤモンドの NV 中心の発光スペクトル．フォノンサイドバンドとゼロフォノン線（ZPL）が見えている．後者は低温で特に顕著である（F. Jelezko, J. Wrachtrup, *Phys. Stat. Sol.* (*a*), **203**, 3207 (2006)）．

することに対応する．一見不思議な現象であるが，R_2 周りでの分布の裾がごくわずかに R_1 の位置にも伸びているので，たまたま核間距離が R_1 に等しくなった瞬間に垂直遷移を起こした，と考えれば理解できるであろう．図 7.4 のルビーとエメラルドの Y 帯，U 帯の幅も同じ原理で説明できる．図 7.8 のプルシアンブルー，図 10.3 の Cu 錯体，図 11.16 の Sb^{3+} と Mn^{2+} の蛍光スペクトルの幅も同様である．

コラム 11.1　クロロフィルの発光と新緑の若草色

4 月から 5 月にかけて植物の若葉は，眩しいほど美しい若草色になる．よく知られているように，植物の葉緑体に含まれるクロロフィルは光合成に不可欠な物質である．クロロフィルは，図 11.5 (a) に示す分子構造になっており，可視領域には 2 つの励起準位（赤色領域（～650 nm）と青色領域（～450 nm））がある．電子はこれらの準位のエネルギーに相当する光を吸収して励起状態に遷移する．緑色の光に相当するエネルギーの領域には電子準位がないので，緑色の光は透過する．植物の葉が緑色に見えるのは，クロロフィルに吸収されない波長領域の光を相対的に強く感じているためである．

光を吸収したクロロフィルは，最低励起状態である赤色領域の電子準位から赤色の光を放出して基底状態に戻る．その結果，私たちの目には，クロロフィルの光吸収の補色である緑色（500～600 nm）と発光の赤色（670 nm）が合わさり，黄緑色を帯びた美しい若草色に見えるのである．

クロロフィルの電子準位と発光過程を図 11.5 (b) に示す．また，緑茶からエタノールで抽出したクロロフィル溶液が赤色の蛍光を出している画像を図 11.6 に，吸収スペクトルと発光スペクトルを図 11.7 に示す．650 nm 付近の光のみを通すフィルターで新緑の野山を眺めると，植物の若葉が光り輝いて見えるはずである．また，赤い発光を確認するには，暗闇の中でブルーライトを葉に照射するとよい．葉が赤く見える．

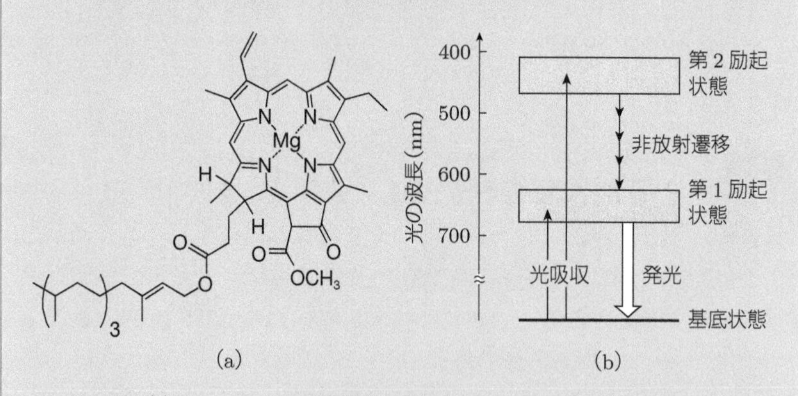

図 11.5 (a) クロロフィルの分子構造，(b) クロロフィルの電子準位と発光過程．

図 11.6 緑茶から抽出したクロロフィルのエタノール溶液の発光．クロロフィルは緑色であるが，紫外線（ブラックライト）を照射すると赤色（約 670 nm）の強い蛍光を発する．

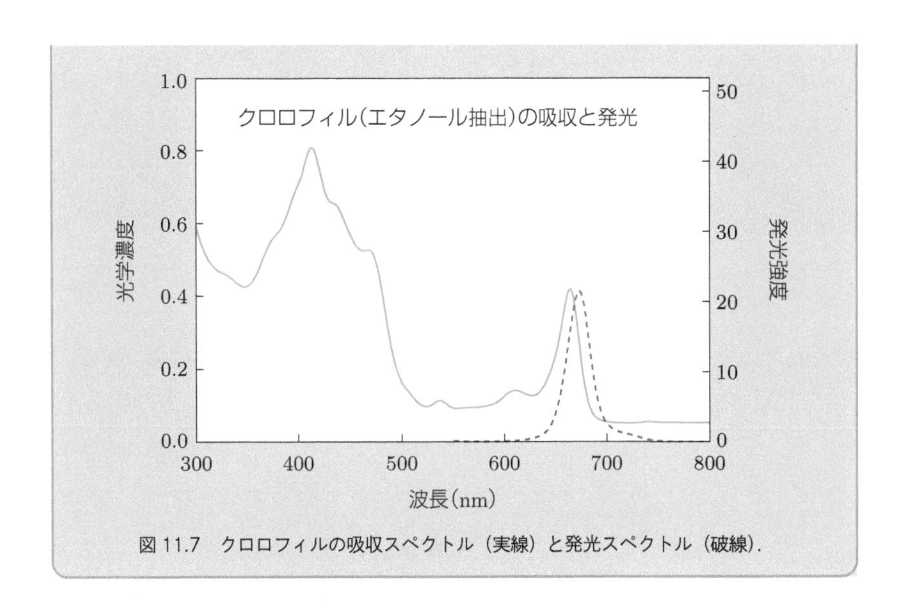

図 11.7　クロロフィルの吸収スペクトル（実線）と発光スペクトル（破線）.

11.3 分子性物質の発光のしくみ

11.3.1　フルオレセインの発光のしくみ

酸塩基の滴定に指示薬として用いられるフェノールフタレイン（6.1.3 項参照）は，その分子構造が pH で変化し，塩基性側（pH＞8.5）では平面分子となって赤色になる．平面分子で赤色のフェノールフタレインは，励起された電子が分子振動モードにエネルギーを与えて戻るため発光しない．ところがフェノールフタレインと分子の形がよく似ているフルオレセインは，非常に強い黄緑色の発光を示す．

図 11.8 にフェノールフタレイン水溶液（塩基性）およびフルオレセイン水溶液の画像，図 11.9 に分子構造を示す．強く発光するフルオレセインは分子構造からわかるように，酸素原子が 2 つの環を固定し，変角振動やねじれ振動などの分子振動を抑制することにより，非放射過程の確率が減少して発光過程が優勢になるため，強い黄緑色の発光が現れる．このように，発光材料の有力な分子設計として非放射過程の制御がある．フルオレセインとその誘導体の発光特性は，一般に pH 値で変化する．このため，癌細胞と正常細胞における pH の差を利用して，癌細胞だけを発光させる研究（癌の分子

図 11.8　(a) フェノールフタレイン水溶液（塩基性）および (b) フルオレセイン水溶液の画像．フェノールフタレインの塩基性水溶液にブラックライト（紫外線）を照射しても発光しないが，フルオレセインの水溶液にブラックライトを照射すると黄緑色の強い蛍光を発する．

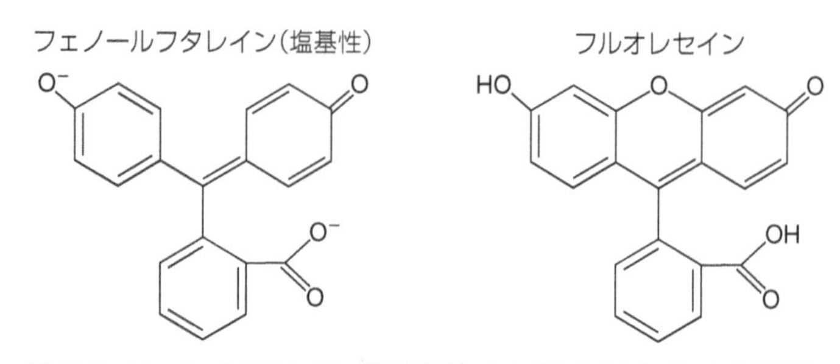

図 11.9　フェノールフタレイン（塩基性側）およびフルオレセインの分子構造．

イメージング）が活発に行われている．

11.3.2　緑色蛍光タンパク質の発光のしくみ

タンパク質はアミノ酸が重合した高分子であり，一般には発光しないが，下村脩（おさむ）博士が発見したオワンクラゲに含まれる緑色蛍光タンパク質 GFP (green fluorescent protein) では，L-チロシン，L-セリン，グリシンが結合した部位が発光する．この部位は，π 電子が発光部位全体に広がっており，また分子の振動（ねじれ振動や変角振動）が制限されているため，光を吸収して高いエネルギー状態に励起された電子は光を放出して基底状態に戻る．オワンクラゲに含まれる緑色蛍光タンパク質（GFP）の構造と発光部位を図 11.10 に示す．

下村博士は努力の末，約 1 万個のオワンクラゲから発光タンパク質を数ミ

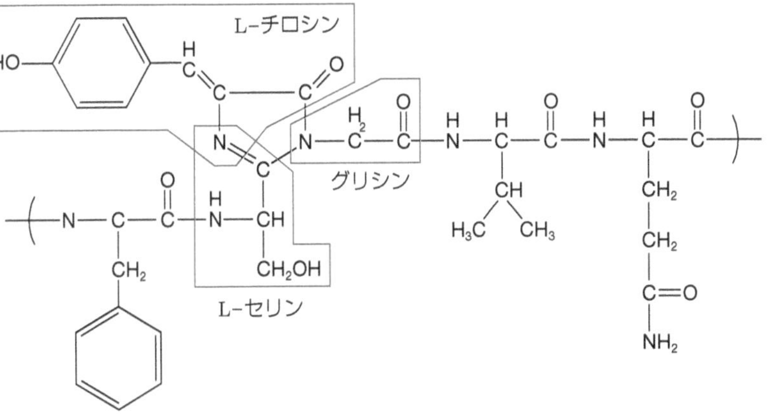

図 11.10　オワンクラゲに含まれる緑色蛍光タンパク質（GFP）の構造と発光部位．

リグラム抽出することに成功した．そして，GFP の発見および発光原理の研究は，細胞内でのタンパク質の働きの可視化へと発展していった[2]．なお，下村脩博士は「緑色蛍光タンパク質（GFP）の発見とその発展」の功績により，2008 年にノーベル化学賞を受賞している．

11.3.3　生物発光と化学発光

化学発光とは，化学反応によって励起された分子が安定な状態（基底状態）に戻るとき，励起状態のエネルギーを蛍光として放出する現象である．また，酵素など生命機能を媒介として発光する現象は，生物発光とよばれる．ここでは代表的な例として，ホタルの発光現象と非常信号やライブで使われる蛍光スティックについて紹介する．

【ホタルの発光】

発光する生物は動物でも植物でも数多く存在する．例えば，植物ではヒカリゴケやツキヨタケなどであり，動物ではホタル，夜光虫，ホタルイカ，多くの深海魚などである．ここでは，ホタルの生物発光について紹介する．

ホタルは，発光の元になるルシフェリンを発光器官にもっている．ルシフェリンは，アデノシン三リン酸（ATP）がアデノシン一リン酸（AMP）とリン酸に解離するときに生成する高いエネルギーと酵素（ルシフェラーゼ）の働きにより，反応生成物であるオキシルシフェリンの励起状態に変化する．

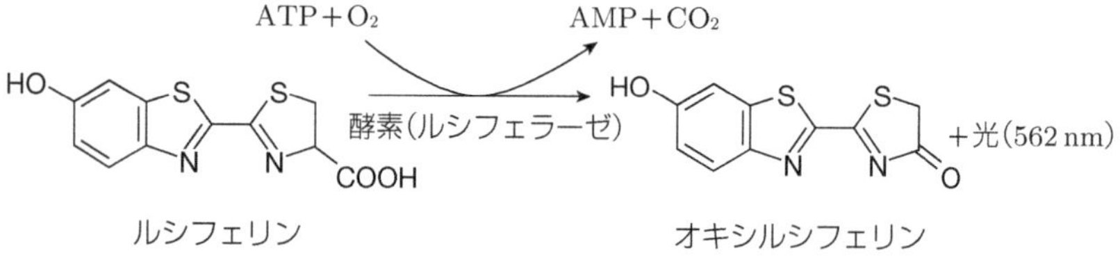

ATP + O_2 → AMP + CO_2

ルシフェリン —酵素(ルシフェラーゼ)→ オキシルシフェリン + 光(562 nm)

図 11.11　ホタルの発光に寄与するルシフェリンと発光機構.

この励起状態が安定な基底状態のオキシルシフェリンに戻るとき，562 nm の蛍光を放出する．ホタルの発光器官にあるルシフェリンの分子構造と発光の機構を図 11.11 に示す．

【蛍光スティックの発光】

図 11.12 は化学発光の代表的な例である．出発物質であるシュウ酸ジフェニルは，過酸化水素と反応すると 2 分子のフェノールと 1,2-ジオキセタンジオン (1,2-dioxetanedione) が生成する．この 1,2-ジオキセタンジオンは，すぐに分解して 2 分子の二酸化炭素に分解する．このときに発生する反応エネルギーによって蛍光色素は励起状態に上げられ，安定な基底状態に戻るとき，蛍光を発する．

蛍光スティックは，シュウ酸ジフェニルと蛍光色素との混合物と，過酸化水素水が分けて封入されている．スティックを折り曲げて過酸化水素水のセルを破ると，1,2-ジオキセタンジオンが二酸化炭素 2 分子に自発的に分解し，これが蛍光色素にエネルギーを与えて励起し，発光が起こる．

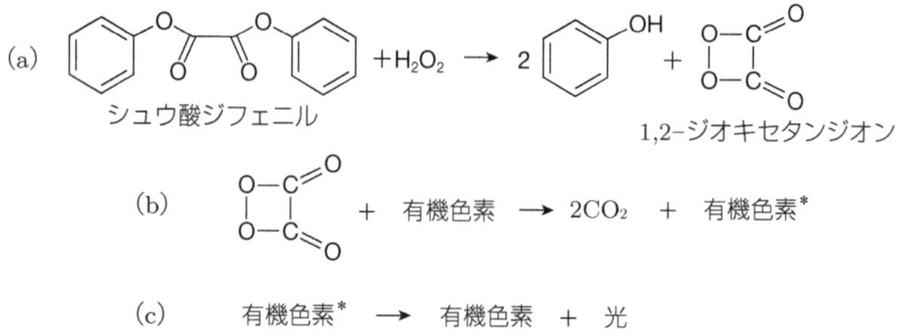

(a) シュウ酸ジフェニル + H_2O_2 → 2 (フェノール) + 1,2-ジオキセタンジオン

(b) 1,2-ジオキセタンジオン + 有機色素 → $2CO_2$ + 有機色素*

(c) 有機色素* → 有機色素 + 光

図 11.12　ケミカルライトのしくみ．有機色素*は励起状態にある有機色素を表す．

コラム 11.2　科学捜査に用いるルミノール反応

犯罪捜査では，床などに残された血液の痕跡を調べるため，ルミノール反応がよく用いられる．ルミノールの分子構造を図 11.13 に示す．

ルミノール反応では，ルミノールを塩基性水溶液に溶かし，過酸化水素水を加えた試薬を用いる．このままでは酸化還元反応は起こらないが，血液に含まれるヘモグロビンの触媒作用で図 11.13 に示した酸化還元反応が進み，励起状態の 3−アミノフタル酸イオンが生成する．この励起状態は 430 nm にピークをもつ青色の蛍光を放出して基底状態の 3−アミノフタル酸イオンに到達する．このようにして，ルミノール反応によって血痕の部分から青い蛍光が現れる．生成物の 3−アミノフタル酸イオンは安定であり，紫外線ライトを照射すると血液の痕跡部分から再び青白い光を発する．

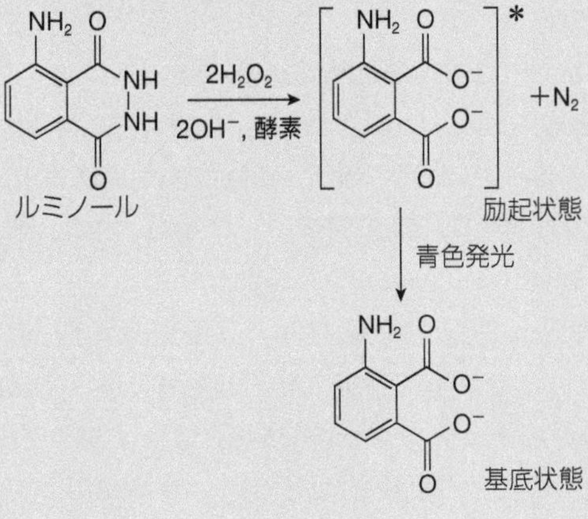

図 11.13　ルミノールの分子構造およびルミノール反応と化学発光．

11.4　希土類化合物の発光

希土類イオンの価電子は 4f 軌道の電子であるが，第 7 章の図 7.11 に示したように 4f 軌道は，5d 軌道や 6s 軌道よりかなり内側にあり，配位子から受ける静電場の影響は小さい．このため，希土類化合物における希土類イオンの蛍光スペクトルは，孤立した希土類イオンの輝線スペクトルとよく似ており，幅の狭い複数の蛍光スペクトルが現れる．

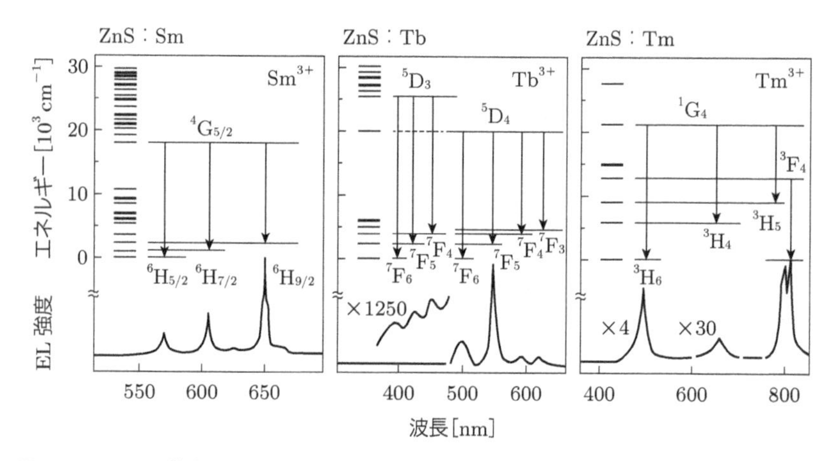

図 11.14　ZnS:Ln^{3+} (Ln = Sm, Tb, Tm) の薄膜 EL の蛍光スペクトル．Ln = Sm, Tb, Tm がそれぞれ赤色 (R), 緑色 (G), 青色 (B) を演出している（『発光の物理』小林洋志（朝倉書店，2000）p. 154）．

希土類化合物では，発光過程が優勢なものが多く，よく光る．このため，三波長型蛍光灯やプラズマディスプレイ，白色 LED，有機 EL などに用いられている．これは，4f 軌道が内殻にあるため，励起状態にある 4f 電子が希土類イオンと配位子間の振動エネルギーに励起エネルギーを受け渡して基底状態に戻る非放射過程の確率が小さいためである．

図 11.14 に ZnS:Ln^{3+} (Ln = Sm, Tb, Tm) の薄膜 EL の蛍光スペクトルを示す．4f 軌道は 7 種類あり（図 7.12），14 個の電子を収容することができる．このため，4f 電子間のクーロン相互作用，および 4f 電子の軌道運動によって原子核から受ける磁場の効果（スピン軌道相互作用）で，非常に多くのエネルギー準位（多重項という）が現れる．ZnS:Ln^{3+} (Ln = Sm, Tb, Tm) における発光過程の始状態と終状態を矢印で示している．Sm^{3+}, Tb^{3+}, Tm^{3+} の基底状態は，それぞれ $^6H_{5/2}$, $^7F_6$, $^3H_6$ である．多重項の記号は，$^{2S+1}L_J$ で表し，$2S+1$ は多重項における電子スピンの多重度，L は多重項における軌道角運動量の値（$L = 0, 1, 2, 3, 4, 5, 6, \cdots$ をそれぞれ S, P, D, F, G, H, I, … で表す），J は電子スピンと軌道角運動量を合成した値 ($|L-S| < J < L+S$) を表す．例えば Sm^{3+} の基底状態 $^6H_{5/2}$ では，$S = 5/2$, $L = 5$, $J = 5/2$ である．

11.5 遷移金属化合物の発光

遷移金属化合物で発光する物質は多い．例えば金属イオンの nd–nd 遷移による蛍光，(n + 1)p–nd 遷移による蛍光，金属イオンの nd 軌道の励起状態から配位子の励起状態へのエネルギー移動による配位子の励起状態から nd 軌道の基底状態への寿命の長い燐光などがある．

第一周期の遷移金属イオンの 3d–3d 遷移による蛍光は，Ti イオン，V イオン，Co イオンなど多くの金属イオンでは，赤外領域で観測される．これは，多くの遷移金属イオンでは，3d 軌道の最低励起状態が赤外領域にあるためである．Cr^{3+} イオンの化合物や Mn^{2+} イオンの化合物では，最低励起状態が可視領域にあるため，多くの化合物で可視領域に蛍光が観測される．

11.5.1 クロム化合物の発光

図 11.15 はルビー（Al_2O_3:Cr^{3+}）における Cr^{3+} イオンの 3d 軌道のエネルギー準位図と R 線からの蛍光スペクトルである[3]．ルビーは，最低励起状態である R 線から幅が狭くて強い蛍光を発する．Cr^{3+} イオンの基底状態の電

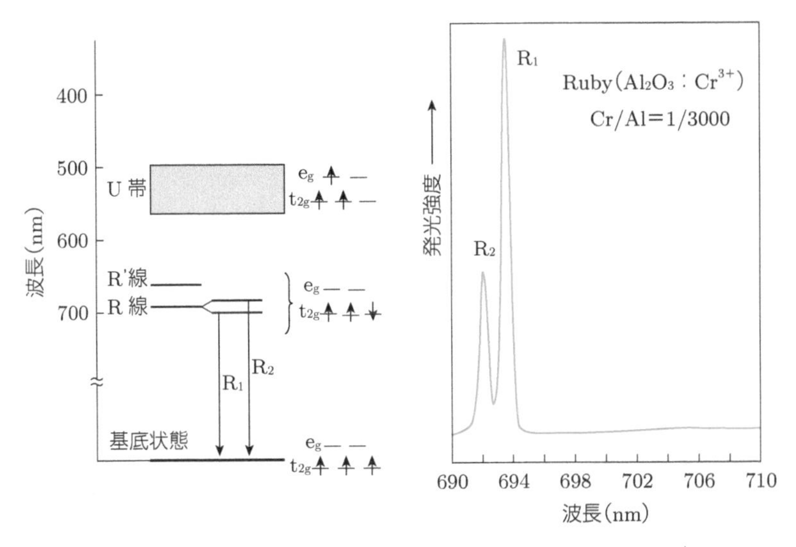

図 11.15 ルビー（Al_2O_3:Cr^{3+}）のエネルギー準位図と R 線からの蛍光スペクトル[3]．d_{xy}, d_{yz}, d_{zx} 軌道をまとめて t_{2g} 軌道とよび，$d_{x^2-y^2}$, d_{z^2} 軌道をまとめて e_g 軌道とよぶ．

子配置とR線の電子配置を眺めてみると，いずれの場合も，d_{xy}, d_{yz}, d_{zx} 軌道に3個の電子が収容されている．このことは，Cr^{3+} イオンと配位子である O^{2-} イオンの距離が変化してもR線のエネルギーはほとんど変化しないことを意味している．このため，R線からの蛍光は幅の狭いスペクトルである．なお，ルビーのR線からの蛍光を利用して，1960年に世界で最初のレーザー光線が誕生した．詳細は第7章のコラム7.1を参照されたい．

R線の準位では，3個の電子のうち1個の電子のスピンが反平行になっている．言い換えると，スピンの向きを平行から反平行にするエネルギーが，R線の励起エネルギーに相当している．

11.5.2　マンガン化合物の発光

図11.16は，$Ca_5(PO_4)_3(F, Cl)$:Sb^{3+}, Mn^{2+} の蛍光スペクトルである．480 nmにピークをもつ蛍光スペクトルは Sb^{3+} イオンの5s5p電子配置から $5s^2$ 電子配置への遷移によるものであり，580 nmにピークをもつ蛍光スペクトルは Mn^{2+} イオンの $3d^5$–$3d^5$ 遷移によるものである．

Mn^{2+} イオンにおける3d軌道の基底状態と最低励起状態のエネルギー準位図を図11.16に示す．基底状態では，5個の電子がスピンを平行にして t_{2g} 軌道に3個，e_g 軌道に2個収容されている．最低励起状態では，t_{2g} 軌道に4個，e_g 軌道に1個収容されている．t_{2g} 軌道では，4番目の電子はスピンを

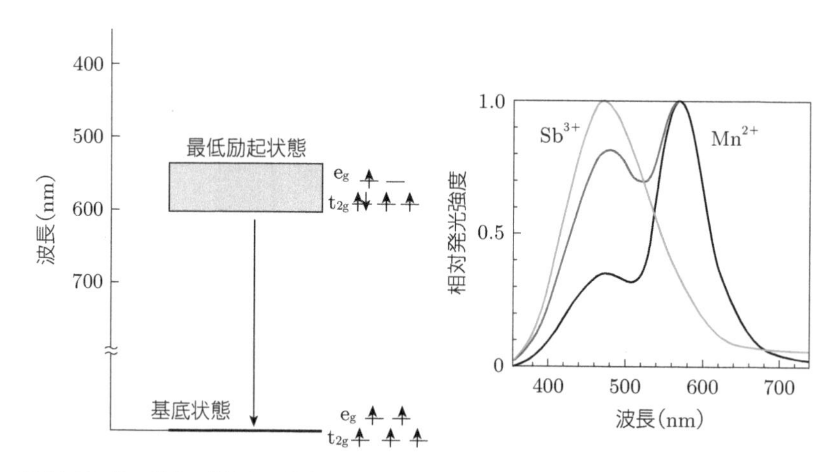

図11.16　第一世代の蛍光灯に使われている $Ca_5(PO_4)_3(F, Cl)$:Sb^{3+}, Mn^{2+} の蛍光スペクトルと Mn^{2+} のエネルギー準位図．

反平行にして収容されている．このため，Mn^{2+} イオンと配位子の距離が格子振動により変化すると，t_{2g} 軌道と e_g 軌道の分裂エネルギーが大きく変化するため，最低励起状態から基底状態への蛍光スペクトルの幅が非常に広くなる．$Ca_5(PO_4)_3(F, Cl)$:Sb^{3+}, Mn^{2+} の蛍光は，太陽光に近い照明として第一世代の蛍光灯に用いられてきた．

11.6 有機ELのしくみ

前節までは主として分子を対象に，発光のしくみとその制御を説明してきたが，ここでは電圧を掛けて発光させる有機 EL のしくみと応用について解説する．

一般に有機 EL は，透明電極 ITO（Indium Tin Oxide）とアルミニウムなどの金属電極の間に，正孔（電子の抜けたプラス部分）を輸送する有機化合物，蛍光や燐光を示す有機化合物，電子を輸送する有機化合物がサンドイッチされた積層構造を形成している．正極から注入された正孔と負極から注入された電子は，蛍光や燐光を示す有機化合物の層で結合し，発生したエネルギーにより有機化合物を発光させる．

1987 年，イーストマン・コダック社のタンとヴァンスライクは，正孔を輸送する有機化合物としてジアミン誘導体と，電子の輸送と発光を受け持つ物質 Alq3（トリス（8- キノリノラト）アルミニウム）を用いて，図 11.17 に示すような有機 EL を開発した．この素子に 10 V 以下の低電圧をかけたところ，1,000 cd/m^2 を超える高輝度の発光を示した[4)]．これが引き金となり，有機 EL の開発が急速に進んだ．なお，タンは有機 EL の革新的な開発により，2019 年に京都賞を受賞している．

現在では，電子の輸送層と発光層を別の物質にした三層構造の有機 EL など，多種多様な有機 EL が開発されている．中でもイリジウム（Ir）金属錯体では，イリジウムイオンに配位する分子を置き換えることにより，赤色発光，緑色発光および青色発光を示す有機 EL が開発されている．その分子構造を図 11.18 に示す．青色有機 EL の Ir 錯体（FIrpic）は 2 種類の有機分子が配位した錯体で，468 nm に極大のある青色発光を示す．緑色有機 EL の Ir 錯体（Ir(ppy)$_3$）は有機分子が 3 個配位した錯体で，513 nm に極大のある緑色発光を示す．また，赤色有機 EL の Ir 錯体（Ir(piq)$_3$）は有機分子

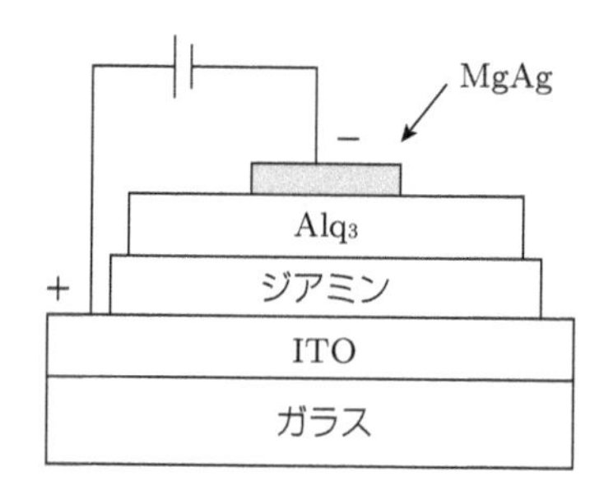

図 11.17　イーストマン・コダック社のタンとヴァンスライクが開発した有機 EL の構造とその有機化合物.

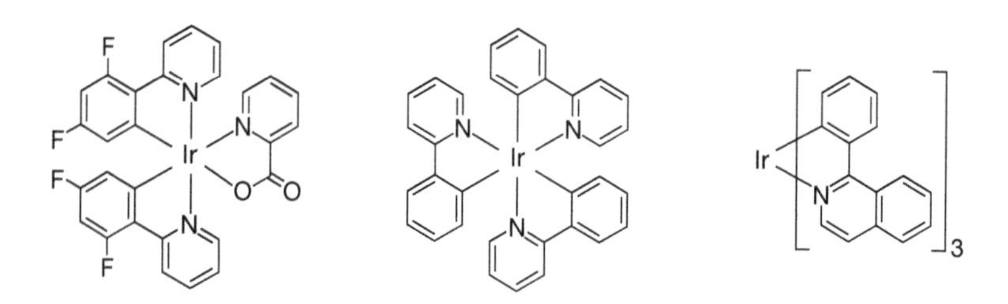

(a)青色有機 EL(Flrpic)　(b)緑色有機 EL($Ir(ppy)_3$)　(c)赤色有機 EL($Ir(piq)_3$)

図 11.18　三原色有機 EL に用いられているイリジウム錯体の分子構造.

が 3 個配位した錯体で，615 nm に極大のある赤色発光を示す.

こうして Ir 錯体で三原色の有機 EL が揃ったことで，白色有機 EL が可能となった. 現在，有機 EL は薄型テレビやスマートフォンなど多くのディスプレイに用いられている.

第12章 さまざまなレーザーとその応用

レーザー光の発生は，1960年に米国のメイマンが，宝石のルビーに強力なキセノン・フラッシュランプの光を照射することにより成功した[1)]．以来，さまざまなレーザーが開発されてきた．第12章では，レーザーの発振原理，さまざまなレーザーとその応用について紹介する．

12.1 負の温度と誘導放射

量子力学の考えによれば，原子の中の電子がもつエネルギーは連続的ではなく，エネルギー準位という決まった値しかとることができない．この状態を扱う最も簡単なモデルが，準位を2つだけ考えた「2準位系」である（図12.1）．この準位構造をもつ多数の原子のうち，電子が基底状態1（下の準位）または励起状態2（上の準位）にいる原子の数は，図12.1(a)に示すように常に励起状態2のほうが少なく，エネルギー差が小さいほど，また

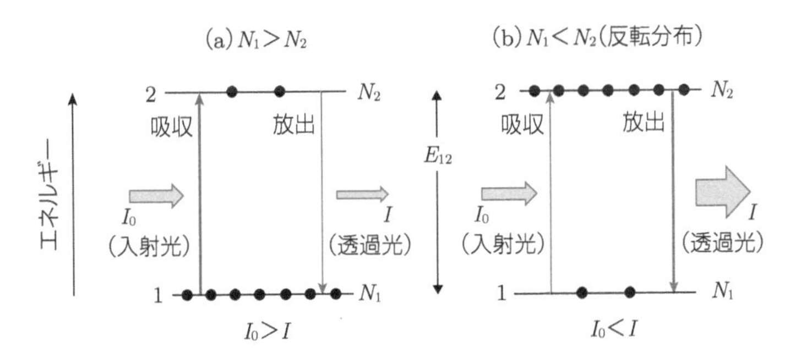

図12.1　2準位系と光の相互作用．(a) 通常の熱分布，(b) 反転分布．

温度が高いほど励起状態2に電子が分布する原子の数は多くなる．

この2準位系の電子と電磁波（光）のエネルギーのやりとりを考えてみよう．可視光のエネルギーは温度に換算すると10,000 K以上なので，エネルギー差が可視光のエネルギーに対応する場合，室温では準位2に分布する電子はほとんどゼロと考えてよい．

電子が準位1にいる原子に，エネルギー差に近い振動数の光が入ってくると，電子はある確率で準位2へ飛び移る（遷移する）．これが普通に見られる光吸収である．電子が最初に準位2にいた場合は，同じ確率で準位1へ遷移する．前者を誘導吸収（または単に吸収），後者を誘導放出という．両方向の遷移の数の差が正味の吸収になる．

誘導吸収，誘導放出に対応する遷移はエネルギーの上下関係には関わりなく平等に起こるが，準位2に関しては，これに加えて電磁波が存在しなくても自然に光を放出して準位1に遷移する過程も存在する（自然放出という）．したがって，もし2準位系を暗黒に放置すれば，すべての電子が準位1の基底状態に戻ってしまう．

光が物質に入射して進むと，その強度は減衰する．その減衰量は吸収係数がプラスの場合，吸収係数が大きいほど大きく減衰するが，吸収係数がマイナスになると逆に強度は指数関数的に増大する．

この準位間の遷移に対応する吸収係数は準位1と準位2に分布する電子数の差（$N_1 - N_2$）に比例する．通常状態では，N_1のほうが多いので吸収係数はプラスになる．しかし，なんらかの方法によりN_2のほうを多くすると，吸収係数はマイナスになり，光の強度は指数関数的に増大していく．すなわち，物質に入射した光より出てくる光のほうが強くなるという現象（誘導放射）が起こる（図12.1(b)）．

励起状態に分布している電子数が基底状態に分布している電子数より多くなる状態を反転分布状態（負の温度状態）とよび，この状態が実現したときにレーザー発振が起こる．レーザー（Laser）とは，Light Amplification by Stimulated Emission of Radiation（誘導放射による光の増幅）の頭文字を取ったものである．

それではどうやって分布を反転させるのであろうか．

12.2 3準位レーザーと4準位レーザー

反転分布（負の温度）を実現する仕掛けが3準位系または4準位系である（図12.2）.

まず，2準位系に準位を1つ付け足した3準位系を考えてみよう．図12.2(a)のように基底状態を含めて3つの準位を用意する．ここで，準位2としては，寿命の長いものを選ぶ．そして準位3から準位2へは速く遷移するようにしておく.

このような系において，光または放電などによって電子を準位1から準位3に遷移させると（ポンピングという），電子は即座に準位2に移るが，準位2は寿命が長いので，電子数が多くなる．準位2の電子はここから光を放出して1に遷移するが，ポンピングを非常に強くして準位1の分布がかなり少なくなる状態（吸収の飽和）を実現すれば，反転分布（$N_1 < N_2$）となり，増幅作用が発現する.

増幅されて放出された光が，次の3準位系に当たるとさらに増幅される．これを繰り返すとついには非常に強力な光となって出てくる．これがレーザー光線である．ただし，強いポンピングが必要なのがこの方式の難点である.

もう少し汎用性の高い方式が4準位系（図12.2(b)）である．基底状態を含めて4個の準位を用意する．ここで，準位3としては寿命の長いもの，準位2としては寿命の非常に短いものを選ぶ．そして準位4から準位3へ

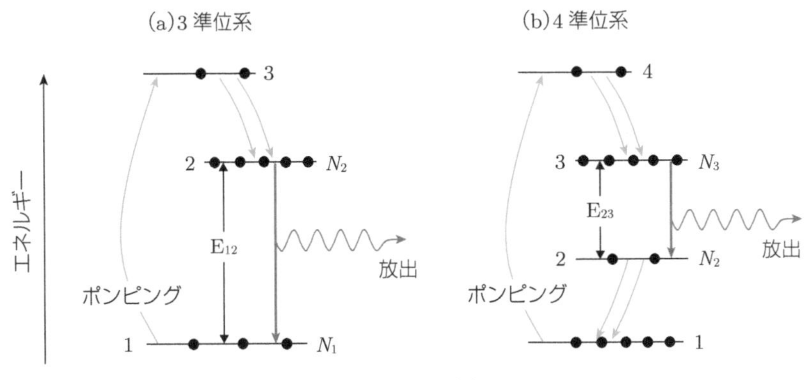

図12.2 (a) 3準位系，(b) 4準位系.

は速く遷移するようにしておく.

このような系において，電子を準位 1 から準位 4 にポンプすると，電子は即座に準位 3 に移るが，そこは寿命が長いので，多くの電子が分布することになる．電子はここから光を放出して準位 2 に遷移するが，準位 2 の寿命は短いので，すぐに分布がなくなり，容易に N_2 を N_3 より小さく保つことができる．言い換えれば，準位 2 と準位 3 の間に $N_3 > N_2$ という反転分布を作ることができるので，増幅作用が実現する．この場合は，ポンピングがそれほど強力でなくても反転分布が作れるのが長所である.

誘導放出は古典的な言葉で言えば，外部から来た電場で強制振動させられた原子の分極が電磁波を放出するという現象なので，誘導放出により付加される電磁波は時間的にも空間的にも，入射した光と位相が揃っている．したがって，増幅された光は，位相が揃っていて振幅だけ大きくなっている．これがコヒーレンス（可干渉性）というレーザー光の重要な特性を与える.

実際のレーザーでは多くの場合，利得媒質（レーザー発振の媒質）の両側に鏡を平行に向かい合わせに置いた光共振器の中で光を往復させることで，増幅率を稼ぐとともにコヒーレンスを高め，指向性や波長純度を高くしている．高いコヒーレンスのおかげでレーザー光線は遠くまで広がらずに届き，長さの基準としても使える.

次に，実際に使われている代表的なレーザーの中から，気体レーザーとして He–Ne レーザー，液体レーザーとして色素レーザー，固体レーザーとして Nd–YAG レーザー，半導体レーザー，ファイバーレーザーを紹介し，最後に超高速現象の研究で活躍しているチタン・サファイアレーザーについて述べる.

12.3 気体レーザー

He–Ne レーザーは気体レーザーの 1 つであり，最初期（1960 年）に開発されたものである[2]．この He–Ne レーザーは，非常に簡便で安定であることから，いまでも実験室では広く用いられている．同時期に開発されたルビーレーザーがフラッシュランプ励起によるパルス発振であったのに対して，初めての連続発振が可能なレーザー，すなわち CW レーザー（Continuous Wave Laser）であったという点でも意義が大きい.

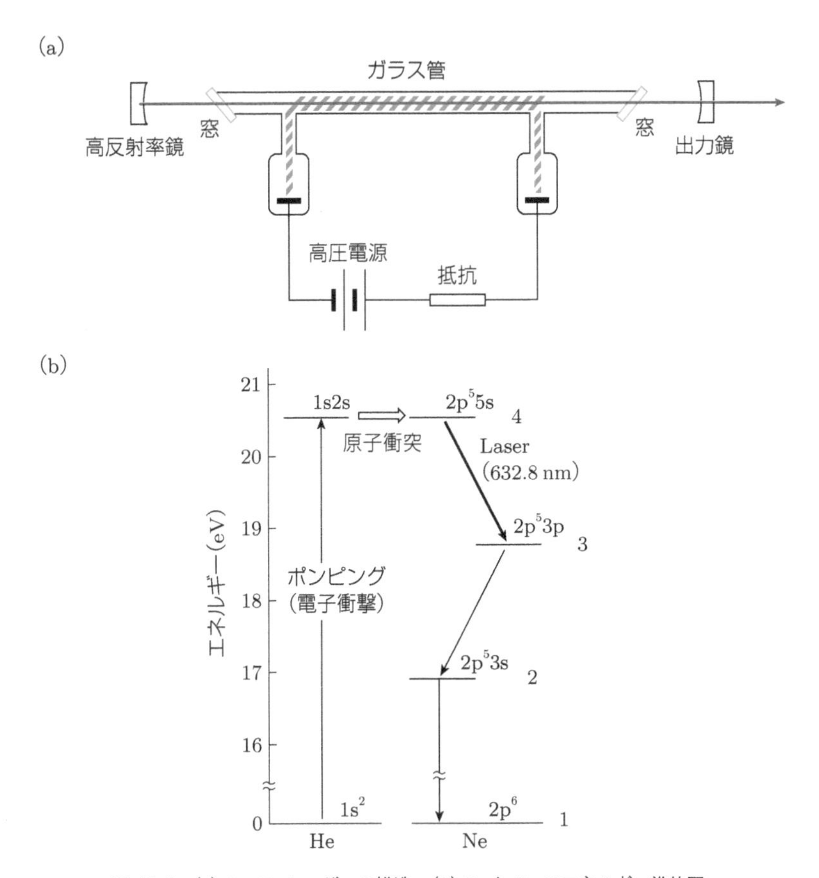

図 12.3 (a) He–Ne レーザーの構造. (b) He と Ne のエネルギー準位図.

図 12.3 (a) に示すように，両端に光学窓を貼り付けたガラス管に，He に少量の Ne を混入させた混合ガスを低圧で充填し，高電圧をかけて放電を起こさせる．放電によって生じた光がガラス管の中を往復するように，2 枚の鏡（高反射率鏡と半透明な出力鏡）が取りつけられている．He–Ne レーザーは，図 12.3 (b) に示すように，4 準位系レーザーの一種である．放電によって励起された He 原子が Ne 原子に衝突すると，Ne 原子が準位 4 に励起されて，そこから準位 3 への遷移が 632.8 nm（赤色）のレーザー光となる．

気体レーザーとしては，この他に，Ar レーザー（可視光 514 〜 351 nm），He–Cd レーザー（可視光〜紫外光 442, 325 nm），窒素レーザー（紫外光パルス 337 nm），貴ガスとハロゲンが結合した状態（エキシマー）から発振するエキシマーレーザー（紫外光パルス），振動準位を利用した炭酸ガスレーザー（赤外光 10.6 μm）などがある．KrF エキシマーレーザーからの紫外光（248 nm）は波長が短いという利点を生かして，LSI（大規模集積回路）のパターンを高解像度で転写するための光源として利用されている．炭酸ガスレーザーは比較的簡単に高い出力が得られるので，金属板やプラスチック板の切断など加工機の光源として広く用いられている．

12.4 色素レーザー（液体レーザー）

12.3 節で述べた気体レーザーでは，原子や分子のエネルギー準位からの発光を利用するので，各種の気体を使って近赤外から紫外までの発振波長は用意できるものの，波長は離散的であって，得られる光のスペクトルは幅が狭く，任意の波長のレーザー光を得ることはできない．したがって物性物理学や化学の研究のための光源として使うにはたいへん不便である．この状況を救ったのが色素レーザーである．通常，有機色素を溶媒に分散させて使うので，「液体レーザー」に分類される．

一般に，発振に寄与するのは二重結合を形成する π 電子の共役系（一重結合と二重結合を交互にもつ分子）であり，4 準位系を構成する．有機分子は原子とは異なり，振動運動や回転運動も行うので，電子状態で規定されるエネルギー準位は，それぞれがほぼ連続的に広がり，大きな幅をもつことになる．これを利用して，連続的に波長可変なレーザーを作ることができる．

第 6 章で紹介したように，有機色素はさまざまな波長で発光する物質が設計できるので，そこに反転分布が実現できれば，望みの波長で発振するレーザーを作ることができる．代表的な色素として，図 12.4 に示すスチルベン-420（420～470 nm），クマリン-540（515～566 nm），ローダミン-6G（573～640 nm），DCM（605～725 nm）などがある（波長範囲は溶媒や励起源によって若干異なる）．これらの色素の誘導体や溶媒の種類を組み合わせて，赤外から可視全域を隙間なくカバーすることができる．

図 12.5 に連続発振色素レーザーの模式図を示す．色素をエチレングリコールなどの粘性の高い溶媒に分散し，これを細いスリット状のノズルから噴出させて薄い膜状とし，ここに Ar レーザーの光（青，緑）を集光して励起し，利得媒質とする．ノズルから出た色素溶液は回収され，フィルターで不純物

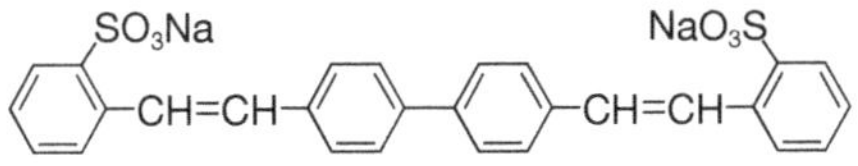

SO_3Na　CH=CH　CH=CH　NaO_3S

スチルベン(stilbene)-420

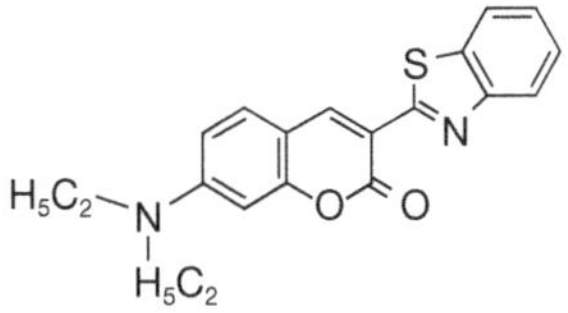

H_5C_2　N　H_5C_2　O　O　S　N

クマリン(coumarin)-540

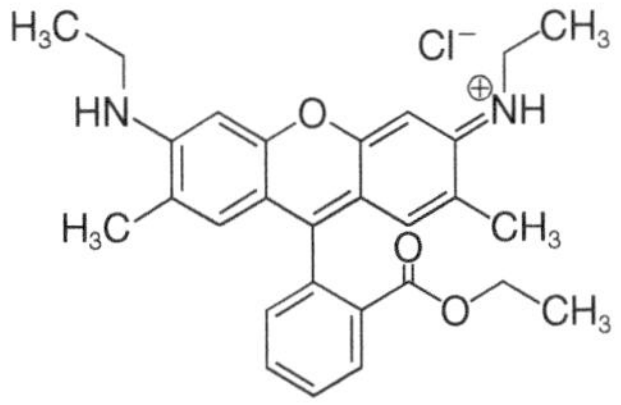

H_3C　HN　H_3C　O　Cl^-　CH_3　$\overset{\oplus}{N}H$　CH_3　O　O　CH_3

ローダミン(Rhodamine)-6G

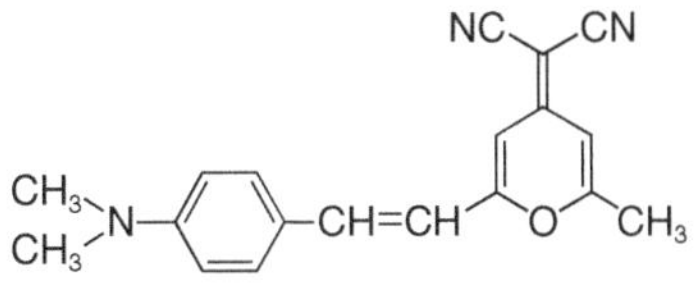

NC　CN　CH_3　CH_3　N　CH=CH　O　CH_3

DCM

図 12.4　代表的な色素の分子構造.

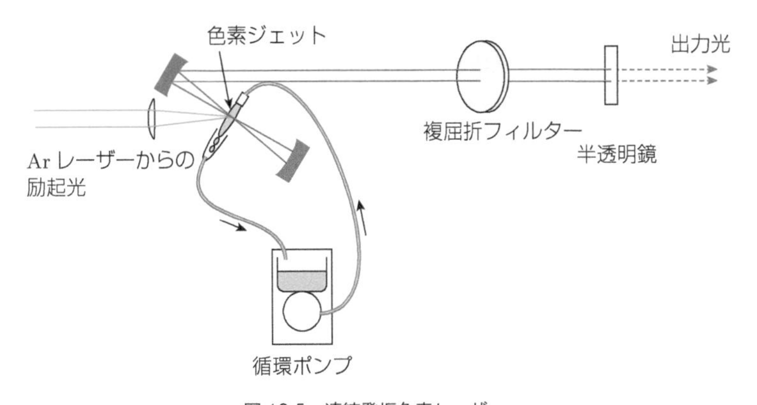

図 12.5　連続発振色素レーザー.

を取り除いた後，ポンプによって再びノズルへと送られる．共振器は 2 枚の凹面鏡と半透明の平面出力鏡で構成され，共振器の中に，複屈折フィルター，プリズム，エタロン板（特定の周波数の光だけが透過する光学素子）など，あるいはそれらの組み合わせを挿入して発振波長の選択を行う．

色素レーザーが必要とされたもう 1 つの理由が，短パルスの発生である．短いパルスを発生させるためには，後述するように，広い利得帯域が必要であるが，上に述べた気体レーザーや希土類イオンを使ったレーザーではスペクトル線幅が狭いので，短いパルスは原理的に作り出せない．例えば，Ar^+

イオンのエネルギー準位を利用したArレーザーでは，アクティブ・モードロックという技術を使ってパルス化しても100 ps（psは10^{-12}秒）程度より短いパルスを発生させることができない．そこで，スペクトル幅の広い色素レーザーが，超高速分光の揺籃期に活躍した．

12.5 固体レーザー

光増幅の媒質として固体を使うものとしては，最初期に登場したルビーレーザーや，早くから加工や医療目的で用いられるようになったNd-YAG（$Y_3Al_5O_{12}$:Nd）レーザー（1.06 μm）などが挙げられるが，いずれも放電管からの光を励起源として使っていたので，エネルギー変換効率はそれほど高くなく，装置としても大型になりがちであった．ところが，格段に小型で，高効率，高出力のレーザーが半導体で作られるようになり，現在ではあらゆるレーザーの基盤技術となっている．CD，DVDプレーヤーの読み取りヘッド，インターネットの光通信などで，我々は日々その恩恵に浴している．

半導体レーザーだけでは波長やパルス幅などの自由度は大きくないが，これを励起源として別の固体レーザーを発振させることで，多様な光源が実現できるようになり，各種レーザー光源にとっても不可欠な存在となっている．そこで，この節では，まず半導体レーザーのしくみを紹介し，次に固体レーザーの代表として，Nd-YAGレーザーとファイバーレーザーを紹介する．

12.5.1 半導体レーザー

図12.6に半導体レーザーの構造を示す．基本的にダイオードの構造なので，Laser Diode（略してLD）ともよばれる．

発光の原理は発光ダイオード（LED）と同様で，p-n接合における電子と正孔の再結合を利用しているが，活性層（GaAs）を設けて電子とホールをため込むことで効率よく反転分布を作っている（図12.6 (b)）．さらに，活性層を挟んでいるAlGaAs（①，③）はGaAs（②）より屈折率が小さいので，光ファイバーのように光を活性層付近に閉じ込めることができ（図12.6 (a)），結晶の端面は反射鏡の役割を果たしている．このようにして，微細な半導体デバイスの中に，レーザー発振を実現するために必要な2つの要素，「反転分布」と「共振器」が作りこまれている．半導体の材料

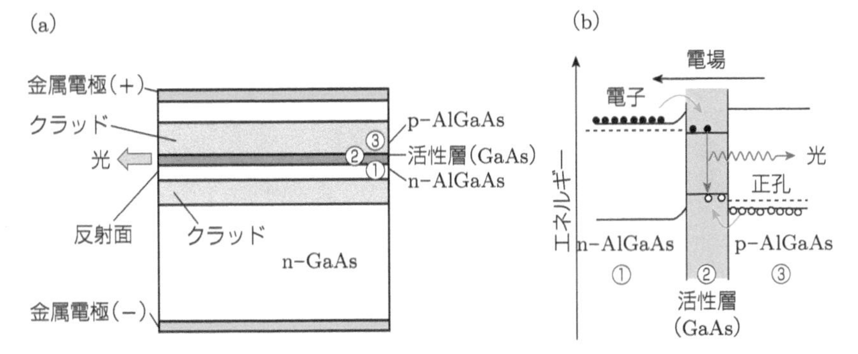

図 12.6 半導体レーザー（レーザーダイオード）の構造と動作原理．(a) 構造の模式図．活性層の上側が p 型，下側が n 型の半導体で，上下に取りつけられた電極を通して電流を流す構造になっている．(b) p–n 接合部分のエネルギー準位図．活性層に n 型側から電子，p 型側から正孔が流れ込み，再結合して発光する．活性層（GaAs）の両側に AlGaAs という異なる物質があるので，ダブルヘテロ構造とよばれている．

(GaInAs, AlGaAs, AlGaInP, GaInN など）を選ぶことで，近赤外から紫外までのレーザーを作ることができる．

半導体レーザーは電力からのエネルギー変換効率の点でも優れており，70% を超えるものも報告されている．気体レーザーの場合は，比較的変換効率が高いとされる CO_2 レーザーでも 10% 程度であり，半導体レーザーに比肩し得るものではない．個々の半導体レーザーの出力は高くないが，多数の素子を二次元的に並べることでキロワット級の出力が実現でき，加工用にも使われている．

12.5.2 金属イオンによる固体レーザー

【Nd–YAG レーザー】

YAG（ヤグ）は，ガーネット（ザクロ石）の一種であるイットリウム・アルミニウム・ガーネット（yttrium aluminum garnet: $Y_3Al_5O_{12}$）の頭文字を並べたもので，この母材に希土類イオンの 1 つであるネオジム（Nd）を加えたものを利得媒質としているので，このような名称が与えられている．その歴史は古く，1964 年にベル研究所のゲウシックらによって発明されたものである[3)]．Nd–YAG レーザーは実験室で長年使われており，現在でも医療や加工の他，重力波アンテナの光源としても使われている（図 12.7）．光の波を物差しとして使うことにより，10^{-21} というわずかな空間の歪みを検出できるのである[4)]．アインシュタインによって予言されていた重力波の検出に

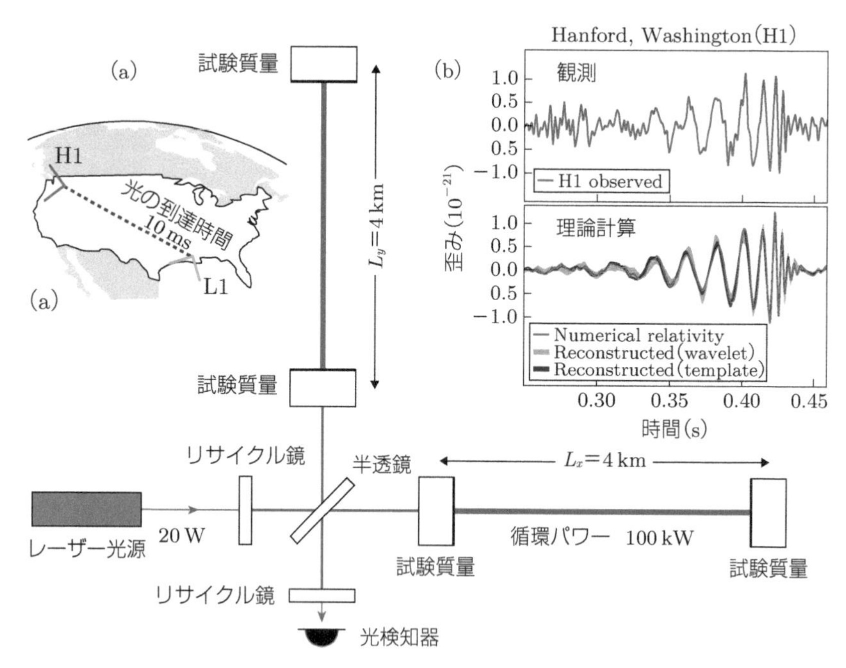

図 12.7　(a) 重力波アンテナ LIGO の構成，(b) ブラックホールの合体によって発せられた重力波による歪みの時間変化（B. P. Abbott, et al., *Phys. Rev. Lett.*, **116**, 061102 (2016)）.

初めて成功したワイス，バリッシュ，ソーンの 3 名が 2017 年ノーベル物理学賞を受賞した.

12.6 ファイバーレーザー

ファイバー（繊維）レーザーもアイディア自体は古く，1960 年代にすでにフラッシュランプにガラスのファイバーを巻き付けて発振させる実験が行われていたが，実用的なものではなかった．ファイバーレーザーが本当に有効なレーザーとなるには，コア・クラッド構造（芯と被覆構造）をもった低損失の光ファイバーの出現と励起用 LD の実用化を待たねばならなかったが，光通信におけるファイバー増幅器の需要により，ファイバーレーザーの技術は大きく発展した.

光ファイバーは近赤外領域では損失が少なく，光信号を非常に遠くまで伝えることができる．この特性を利用すると，理想的な共振器を作ることがで

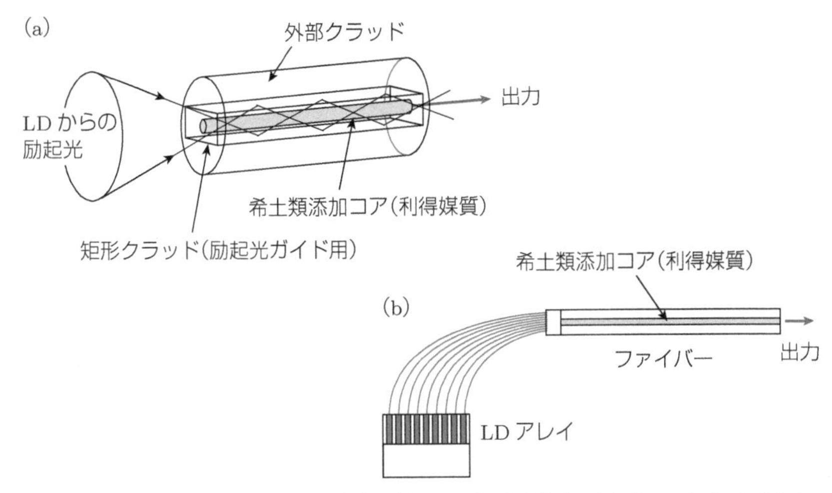

図 12.8 LD と光ファイバー増幅器の結合．(a) レンズによる集光，(b) 光ファイバーによる LD アレイとの結合（『レーザーハンドブック 第 2 版』レーザー学会編（オーム社，2005）図 12.42 を改変）．

きる．また，ファイバーの中に Er^{3+} や Yb^{3+} などの希土類イオンをドープして，利得媒質とすることもできる．ファイバーは損失が少ないので，光を利得媒質の中を長距離走らせ，じわじわと増幅しようという戦略である．励起は LD によって行われるが，そのしくみも非常にエレガントである．通信用など比較的小出力のものでは，励起用の光を通すファイバーと増幅用のファイバーを単に隣接させて平行に走らせることでエネルギーを受け渡すファイバーカプラーという方式が使われる（図 12.9）．また，ファイバーレーザーは大出力が要求されるレーザー加工機への応用でも重要であり，この場合は Yb^{3+} イオンを用いて 1034 nm の出力光を得ている．

図 12.8 に励起方法の例を示す．(a) の例では，Yb^{3+} イオンをドープしたファイバーに LD からの励起光をレンズで絞り込む．(b) は，多数の LD からの励起光を直接ファイバーで二重クラッドファイバーに送り込む方式である．いずれの方式でも，この部分の損失は非常に小さいので，総合的な効率も非常に高くできる．4 kW の出力で厚さ 10 mm の鉄板が実用的な速度で切断できるし，溶接も可能である．10～100 kW の加工機も実用化されている．

応用的価値があってこそ，装置や技術の開発が進むので，このようにして作られた新しい技術が逆に基礎研究のために役立つという流れがあるということを強調しておきたい．

コラム 12.1

光ファイバーと長距離光通信

ファイバー増幅器の１つの重要な利用法として光通信がある．光ファイバーは石英（SiO_2）を主成分としており，コア部分には屈折率を高めるために微量の Ge が添加されている．石英は紫外領域の 200 nm あたりまで透明であるが，波長が短くなるにつれて，電子によるレイリー散乱の裾にかかってくるので散乱による損失が起こる．一方で波長の長い方へいくと，フォノン（格子振動）による吸収の裾にかかってくるので，これも損失の原因となる．その谷間にあたる波長が 1.5 μm であり，ファイバーを介した光通信は，損失が最も少ないこの近辺の波長帯を使って行われる．

Er^{3+}は 1.55 μm に $^4I_{13/2} \to {}^4I_{15/2}$ の発光遷移があり，ここに反転分布を作ることで通信帯の光を増幅することができるので，光通信に適している．基底状態が終状態になっているので，図 12.2 (a) の 3 準位系に該当する．

図 12.9 に光ファイバーを使った光通信の構成を示す．まず LD の光を変調して作られた信号を Er^{3+}イオンを添加したファイバーに送り込む．別の LD からの光を，カプラーを介して同じファイバーに注入し，Er^{3+}を励起して光の増幅を行わせる．光を光のまま増幅するこの方式では，変調された光信号に対し数 100 GHz という高周波まで増幅が可能で，信号が 1/10 程度に減衰するたびに中継ファイバー増幅器を通して元の大きさに戻すという操作を 100 回以上も繰り返すことで，数千 km の長距離伝送が可能となっている．

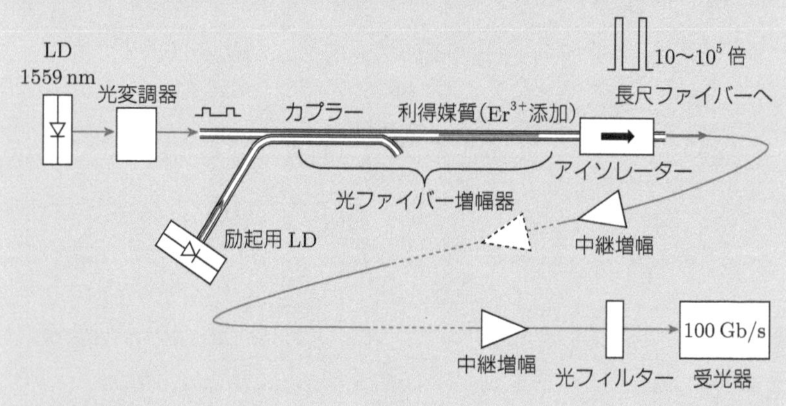

図 12.9　光通信における光ファイバー増幅器の利用（『光ファイバと光ファイバ増幅器』須藤昭一，他（共立出版，2006）の図を改変）．

12.7 チタン・サファイアレーザーと超高速分光

酸化アルミニウムにTi^{3+}イオンを添加したチタン・サファイアを利得媒質とする波長可変レーザーが1986年に登場し[5]，簡単な短パルス発生方法も発見されて，色素レーザーに代わるものとして一気に普及した．波長の可変範囲は，700～1,000 nm程度と，色素レーザーの色素数種類分を包含する幅をもち，非線形効果を使って波長を変換する技術を組み合わせると，可視全域をカバーすることができる．

ここで短パルス発生の原理を説明しておく．12.2節でも述べたように多くのレーザーは2枚の鏡で光を往復させる光共振器で構成されている．鏡の反射率が1に近ければ，図12.10(a)に示すように，鏡の位置が節になるように共振器の中に定在波ができるので，レーザー光のスペクトルは連続的ではなく，$c/2d$の周波数間隔で並ぶ多数の細いスペクトルから成り立っている（dは鏡の間隔）．これを縦モードという．

次に周波数が少し異なる振動が重なるとどうなるか考えてみよう．図12.10(b)は，1つのモードの波形（正弦波）である．周波数が少し異なる2個の波（モード）を重ね合わせたときの波形が（c）である．赤い三角印で示すように，2つの波（赤と青で示す）の位相がぴったり一致する箇所が周期的に現れるので，そこでは強め合って大きな振幅になるが，その中間あたりでは打ち消しあって振幅が小さくなる．これは「うなり」とよばれ，音波の場合によく知られた現象である．（d）は等間隔の周波数で並ぶ6個の波を1 : 5 : 10 : 10 : 5 : 1の割合で重み付けして重ね合わせたものである．すでに間欠的に振動が現れる「パルス」の特徴が見られることがわかるだろう．重ねる波の数を増やしていけばパルスの幅はどんどん短くなる．

普及型のモード同期チタン・サファイアレーザーでは，数10,000本のモードが重なり，結果として約10 ns（10^{-8}秒）の間隔で並ぶ100 fs（10^{-13}秒）程度のパルス列が得られる．ただし，勝手に振動している多数の波を重ねてもこの現象は起こらない．ある瞬間（▼で示した時刻）にすべての振動の足並みが揃っていなければならない．これを実現するのが「モードロック」（モードの固定）という技術であるが，チタン・サファイアレーザーの場合は，共振器の設計に少し工夫を加えることで，言わばこのメカニズムを内蔵させる

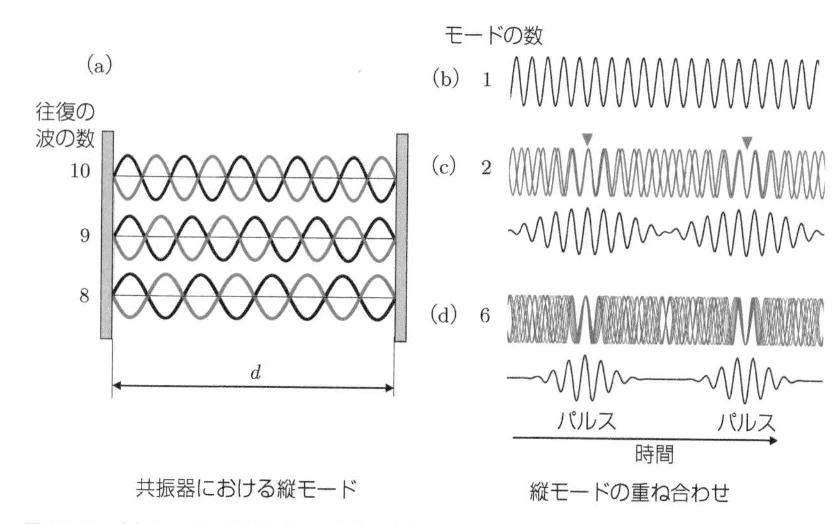

図 12.10　(a) レーザー共振器内の定在波，(b) 単一のモードの波形，(c) 2 個のモードの重ね合わせ，(d) 6 個のモードの重ね合わせ.

ことができて，容易にパルスを作り出せる所が特徴である.

固体内の典型的な電子の緩和や格子振動の周期は数 10 fs より長い時間スケールなので，ほとんどすべての物性現象や分子内現象を時間領域で調べることができるようになった.

12.8 フェムト秒 (fs) レーザーとその応用

チタン･サファイアレーザーに代表されるレーザー技術の進歩のおかげで，数十 fs の光パルスを発生させることは極めて簡単になったが，その時間とはどれくらいなのだろうか. 光は約 1.3 秒で地球から月まで到達するが，その光が 30 μm つまりコピー用紙 1 枚の厚さ程度を走る時間が 100 fs なので，これが非常に短い時間であるということは理解できるであろう.

現在レーザーで発生できる最短のパルスは 100 as（アト秒)，すなわち 10^{-16} 秒を下回っている. 一方，宇宙の年齢 138 億年は約 10^{18} 秒に相当するので，我々の日常の動作を代表する秒から分の時間スケールと比較するといずれも 17 桁ほども離れている. したがって超短パルスを使えば，日常からかけ離れた現象が見られることが想像できるであろう. 時間分解能がこれくらいになると，通常はスペクトルという形でしかとらえられない分子内の原子の振動や，原子内の電子の周回運動などが，実時間上での動きとして見られるようになってくる．

次の節では，いかにして超高速の現象を観測することが可能になるのかを示し，その応用例として，分子の光解離現象，生体物質における光異性化の観測，テラヘルツ時間領域分光について述べる．

【超高速分光の応用例：化学反応を追う】

「化学反応」という言葉から連想するのは，例えば 2 つの試験管に入れた液体を混ぜ合わせると色が変わるとか, 沈殿ができるとかいう場面であろう．しかしこのような実験では元の分子と生成物はわかっても，原子と原子の結合がどのようにして切れたり，またつながったりするのか，その過程をつぶさに知ることはできない．原子レベルに遡って，化学反応の最中になにが起こっているかを追いかけるというのは化学者の夢であったが，それが超高速分光の手法を使って可能になってきたのが 1980 から 1990 年代である．分子や固体における原子の振動周期は数 10～1,000 fs 程度なので，フェムト秒領域の時間分解能があれば，原子やイオンの振動を時間軸で追跡することができ，化学反応も時間軸上での観測が十分に視野に入る．

わかりやすい例として気相における NaI 分子の光による分解反応をとりあげてみよう．常温では NaI は図 12.11 の谷底近くで振動しているだけなので，勝手に乖離することはないが，紫外光を当てると Na と I に分解することが知られている．

この分子を超短パルス光で励起すると，系は励起状態のポテンシャル曲線に移り，その位置からポテンシャル曲線の上で振動を開始する．そこへもう 1 発の別のパルスを照射してさらに上のポテンシャル曲線に遷移させ，中性の Na からの発光（D 線として知られる橙色の発光）を検出することで，特定の核間距離 R における存在確率の時間変化を計測することができる．このように時間差をもつ 2 つのパルス光を照射して時間分解測定する方法は，ポンプ・プローブ法とよばれ，超高速現象の観測に広く用いられている．図 12.11 (b) の下の曲線は R が小さい所での観測で，櫛型の応答を示している．これは分子が伸縮振動していて，その分布数は次第に減少していくことを示している．一方，上の曲線は，R が非常に大きい所での観測で，こち

(a)

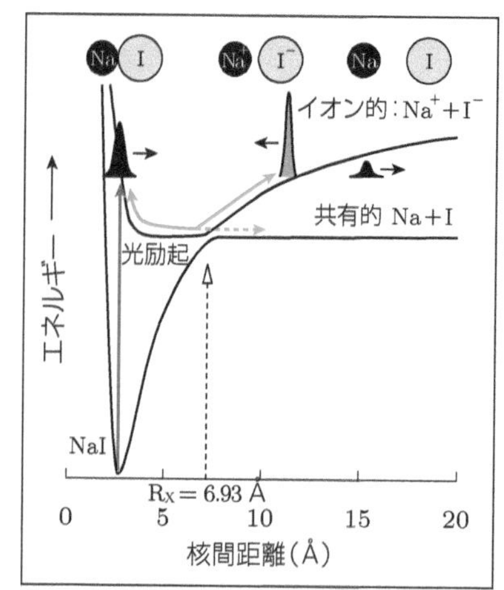

(b)

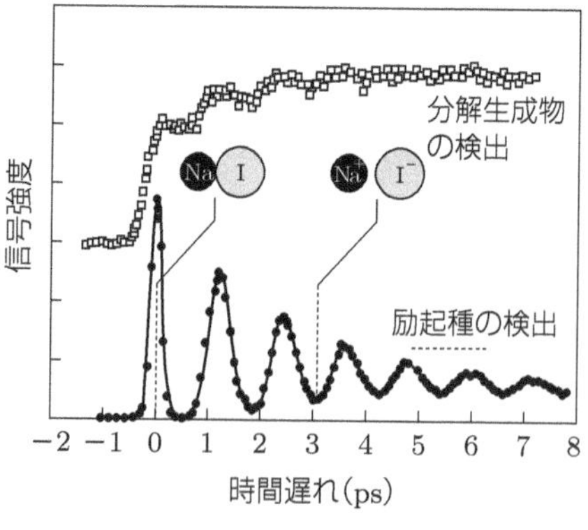

図 12.11　光励起による NaI 分子の分解．(a) NaI の断熱ポテンシャル．光励起を赤矢印，波束の振動を青実線，解離過程を青破線で表す．(b) 励起状態で振動している分子と解離生成物からの信号の時間変化（A. H. Zewail, *J. Phys. Chem. A*, **104**, 5660 (2000) を改変）．

らは一回振動するごとに階段状に積みあがっていく振る舞いを見せている．両者の振る舞いを合わせて考えると，分子が振動するたびにポテンシャル曲線の接近した点を通過し，そのたびに下のポテンシャル曲線への飛び移りが起こって分子が解離し，生成物（中性 Na）が蓄積していき，未解離の分子は減少していくことがわかる．これは光化学反応の進行をフェムト秒領域で捉えた画期的な成果と認識されている[6]．これを含む一連の成果が評価されて，ズウェイルはノーベル化学賞（1999 年）を受賞した．

【超高速分光の応用例：ロドプシンにおける光異性化】

次に生物化学への応用例として，ロドプシンにおける光異性化を取りあげてみよう．ヒトの眼が光を感じる最初のメカニズムは，第 1 章の図 1.14 に示してあるとおり，ロドプシンという蛋白に結合した 11-*cis*-レチナール分子の形状が光励起によって変化する現象（光異性化）である．

最初 11 番目の炭素の位置で屈曲していたものが，光励起によって all-*trans* すなわち直線状になるということまではわかったが，このような分子

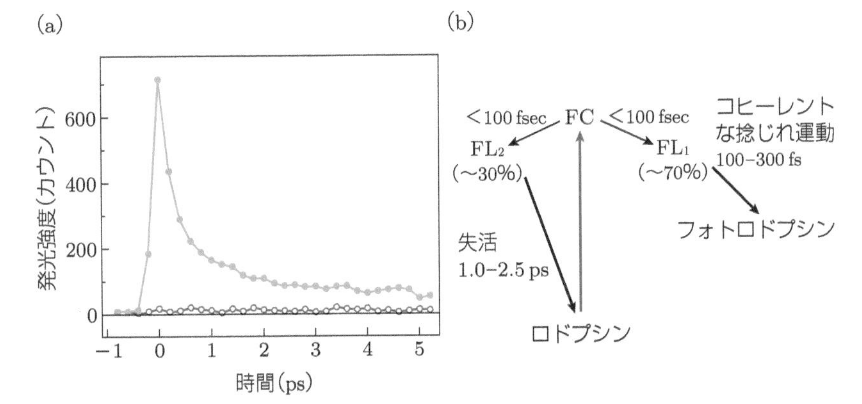

図 12.12 (a) 580 nm におけるロドプシンの発光の時間変化（青丸）.(b) 光励起によってロドプシンが励起状態（FC）に上がり，フォトロドプシンへと緩和していく様子の模式図.(H. Kandori, et al, *Chem. Phys. Lett.*, **334**, 271 (2001).

形状の変化は，どれくらいの速さで起こるのであろうかというのが，次の大きなテーマとなり，フェムト秒分光の成長期（1990 年代初め）から多くのグループがこの問題に取り組んだ．大きな分子であるから変形にはかなりの時間を要するであろうという予想であったが，100 fs 程度から数 ps 程度までさまざまな報告がなされ，謎が深まった時期もあった．

図 12.12 (a) は時間分解発光による測定結果である．曲がったレチナールに特徴的な発光が 100～300 fs 程度で大きく減少することから，分子の変形はその速さで進行を開始し，さらに数 ps かけて安定な *trans* 状態へと落ちていくものと理解された．このような描像が 2000 年代の初めに確立された．眼の中で最初に光を捉える過程は非常に高速でかつ高効率であることが示されたのである[7]．

【超高速分光の応用例：テラヘルツ時間領域分光】

テラヘルツ光とは，およそ 0.1～10 THz（T は 10^{12}），波長にして 30～3000 μm の領域の遠赤外光のことである．低周波側の波長が数 mm なので，ミリ波とも言われる．この波長領域は，光学的な技術とエレクトロニクスの狭間になっていて，発生方法，検出方法も限られていたために，電磁波スペクトルの中で長年未開拓領域として残されていた．ところが，1980 年代から，レーザーを使った光源と検出方法がいろいろ開発され，新しい分光研究の領域として脚光を浴びることになった[8)].

コラム 12.2 光ピンセット

レーザー光で微粒子を操作する光ピンセットの概略図を図 12.13 に示す．光ピンセットには 2 種類の力が寄与している．

その 1 つは勾配力である（図 12.13 (a)）．微小な粒子に対して，レンズを用いてレーザー光を集光させると，粒子は光の電場により分極して瞬間的に電気双極子となる．電場強度に勾配があると，電場の強い側の電荷に働く力が優勢になるので，結果として粒子は電場の強い方向へ引っ張られる．したがって粒子はレーザービームの中心方向へ吸い寄せられると同時に電場の最も強くなる焦点へ向かう力を受ける．

もう 1 つの力は光子の運動量に起因する光圧である（図 12.13 (b)）．レーザー光は物質に入るときと出るときに屈折され光の進行方向が変わるため，その反作用の力が粒子に与えられる．この力も焦点の方向に向いている．

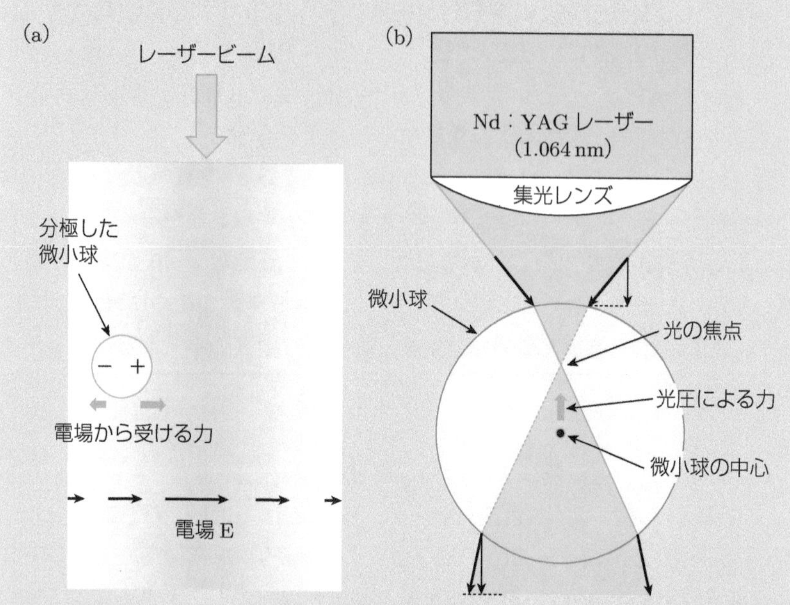

図 12.13　光ピンセットの原理．(a) 勾配力の起源．この図は，光電場が右を向いている瞬間の状態を表している．レーザー光の電場により分極した微小球が受ける正味の力は，電場強度の強いレーザービームの中心に向かう．(b) 光の運動量の光軸方向成分は入射光より，出射光のほうが大きいので，その反作用として微小球が受ける正味の光圧は焦点の方向（図では上向き）になる．

これらの力により，微小粒子は光の焦点付近でトラップ（捕捉）される．したがって，レーザー光の位置を移動させると，微小粒子を移動させることができる．この操作は光ピンセット（optical tweezers）とよばれ，1 個の細胞まで操作することが可能となっている．光ピンセットの原理は 1970 年に米国・ベル電話研究所（現 AT&T）のアシュキンによって初めて報告され[9]，その後 1980 年代後半に実用化されてから急速に発展して行った．Nd-YAG レーザーの波長（1064 nm）は，水や細胞にほとんど吸収されないので，細胞や生体物質を生きた状態で操作することができる．なお，アシュキンは光ピンセットの功績により，2018 年にノーベル物理学賞を受賞している．

第13章 色を変換する

蛍光灯には水銀が封入されており，電圧によって加速された電子が水銀の蒸気と衝突することにより，水銀原子の電子が高いエネルギーをもつ準位に引き上げられ，その状態から強い紫外線を放出する．この紫外線を管壁に塗られた蛍光物質が吸収し，可視領域の光を放出する．見えない光を見える光にする現象の代表的な例である．この章では，さまざまな波長変換について紹介する．

13.1 放射線から可視光への変換

ある種の物質に放射線を照射すると，物質の中の電子が励起状態になり，この励起状態の電子が元の安定な状態（基底状態）に戻るとき，蛍光を放出することがある．この蛍光をシンチレーション光とよび，シンチレーション光を放出する物質をシンチレータという．シンチレーション光を計測することにより，放射線を検知することができる．

シンチレーション光の歴史は古い．X 線の発見で 1901 年に第 1 回ノーベル物理学賞を受賞したレントゲンは，1895 年に放電管を用いて陰極線の研究を行っていたとき，離れた所に置いていた $Ba[Pt(CN)_4]$ を塗った蛍光板が光っていることを発見した[1]．見えない放射線が蛍光板を光らせたと考え，この未知の放射線を X 線と名付けた．$Ba[Pt(CN)_4]$ を塗った蛍光板は，現在でも X 線が当たっている箇所を確かめるのに活用されている．

シンチレータには大別して NaI（Tl）や ZnS（Ag）などの無機シンチレータとアントラセンなどの有機シンチレータがあり，放射線の検出器に利用されている．

13.2 赤外光から可視光への変換

目に見えない赤外光から可視光に変換する現象にアップコンバージョンがある．希土類イオンには4f電子による非常に多くのエネルギー準位があり，複数の赤外領域の光子を吸収して可視領域のエネルギー準位に到達し，可視領域の光を放出することができる．

図13.1はEr^{3+}イオンを添加したフッ化物ガラスにおけるアップコンバージョンの原理図である．赤外領域の光子を多段階で吸収し，可視領域の準位から赤色（660 nm），緑色（550 nm）および青色（410 nm）の光を放出する（図13.3 (b) の写真）．

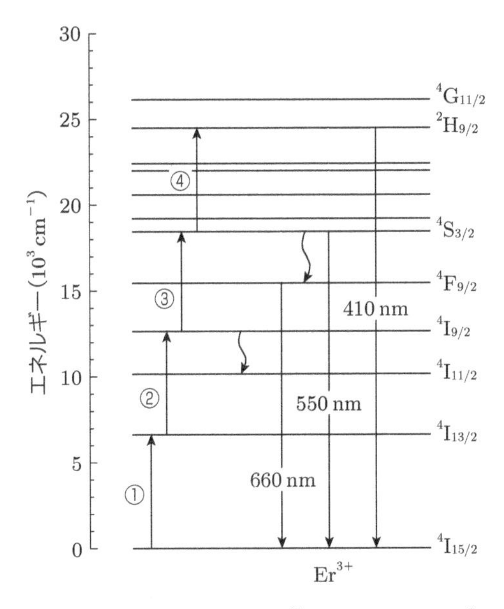

図13.1 Er^{3+}イオン添加フッ化物ガラスにおけるEr^{3+}イオンによるアップコンバージョンの原理図．①，②，③，④は赤外光による電子遷移を表す．多段階の赤外吸収で到達した励起状態から可視領域の光が放出される．

13.3 輝尽発光とその応用

一般に蛍光体は，放射線を照射すると蛍光を発するが，放射線の照射を止めれば蛍光が消える．ところが蛍光体の中には，放射線の照射を止めても，放射線のエネルギーが長時間にわたって蓄積され，熱や光の刺激により再び蛍光を発する物質があり，この現象を輝尽（きじん）発光（photostimulated luminescence: PSL）といい，その発光体を輝尽発光体とよぶ．

代表的な輝尽発光体として BaFBr:Eu^{2+} がある[2)]．輝尽発光体に放射線を照射すると，生じた電子が陰イオンの空格子点にトラップされて色中心（F 中心）が形成されるため，色中心に放射線のエネルギーが長時間にわたって蓄積される．色中心が形成された状態に可視光による刺激を与えると，色中心の電子が伝導帯に励起され，価電子帯にある正孔と結合して波長の決まった蛍光を発する．この光を計測すると，放射線が照射された場所と強度を検知することができる．

BaFBr:Eu^{2+} などの輝尽発光体を二次元面に塗布したものがイメージングプレートであり，比較的低い X 線の被曝量で鮮明な画像が得られるため，医療の現場などで利用されている．図 13.2 に BaFBr:Eu^{2+} の輝尽発光を用いたイメージングプレートの原理図を示す．可視光のエネルギーを蓄えて赤外線で刺激して発光させるタイプのものもある（図 13.3 (a) の写真）．

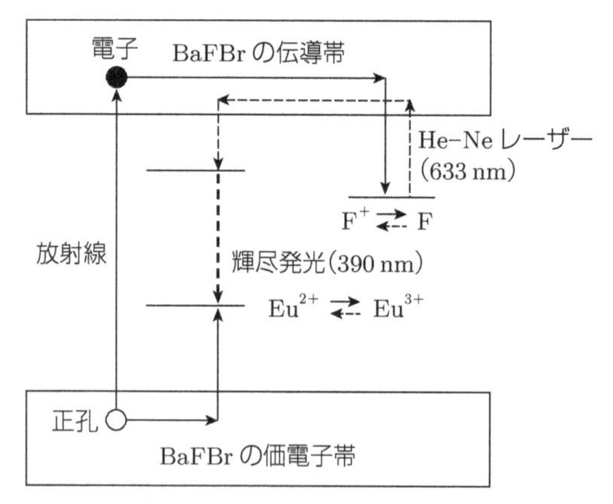

図 13.2 BaFBr:Eu^{2+} の輝尽発光を用いたイメージングプレートの原理図．

コラム 13.1 赤外光を見えるようにするカード

アップコンバージョンや輝尽発光を利用した赤外線センサーカードという商品を使うと，リモコンや顔認証方式スマートフォンから発射される赤外光の像を肉眼で見ることができる．図 13.3 (a) は，輝尽発光によるもので，赤外光が Eu^{2+} の赤色蛍光に変換される．図 13.3 (b) は，赤外領域の光子だけを使ったアップコンバージョンによる発光である．この場合は，Er^{3+} の緑色蛍光に変換されている．多段階励起であるため光の密度が高くないと発光しないので，カードをできるだけ赤外 LED に近づけて撮影している．

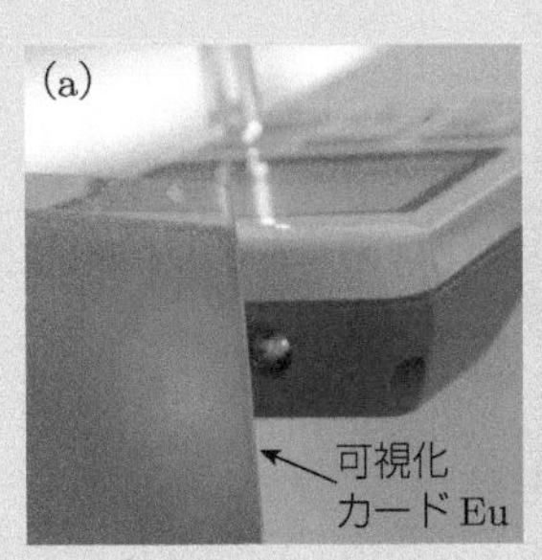

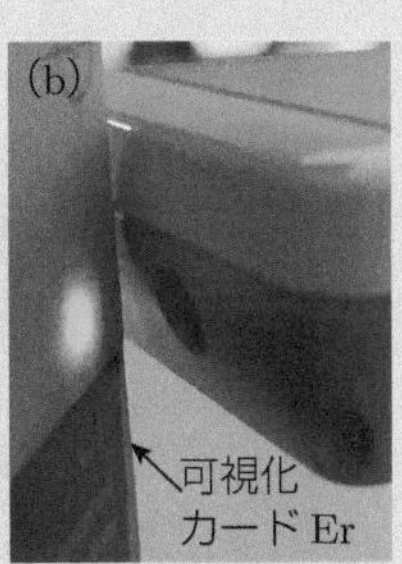

図 13.3 希土類イオンを用いて赤外光を可視光に変換する方法．(a) リモコンからの赤外光（波長 940 nm）が，Eu^{2+} イオンによって赤色に変換される．(b) Er^{3+} イオンによる緑色．

13.4 非線形光学とはなにか？

13.4.1 高調波と和周波・差周波

短パルスレーザーは，時間平均出力が同じでも，連続波レーザーよりも瞬間的な電場強度が高いので，非線形光学効果を起こしやすく，効率よく波長の変換を行うことができる．

物質の分極は，電場が弱いときはほぼ電場強度に比例するが，強い電場に対しては，応答が非線形になり（図 13.4 参照），2 倍波や 3 倍波が発生する．周波数が異なる 2 つの光が同時に入射している場合は和周波と差周波が得られる．

Nd-YAG レーザー（1.06 nm）の 2 倍波（532 nm），3 倍波（355 nm），4 倍波（266 nm），チタン・サファイアレーザー（800 nm）の 2 倍波（400 nm）， (a)反転対称性がある場合($\beta=0$)

出力波

P E t

奇数次の高調波を含む

入射波(正弦波)

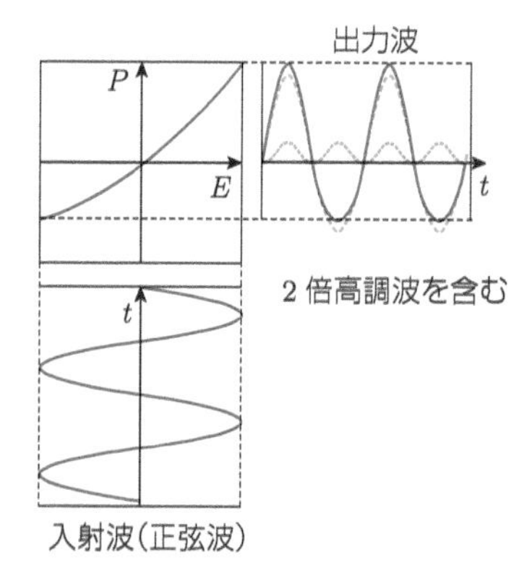

図 13.4　非線形媒質による高調波の発生．(a) 反転対称性がある場合 ($\beta=0$)，(b) 反転対称性がない場合 ($\beta\neq0$)．各図の左上に電場 E と分極 P の関係を示す．正弦波 E が入射した場合に発生する波を各図の右側に実線（赤色）で示す．青および緑の破線は，それぞれ発生した波に含まれる基本波と高調波の成分を示す．

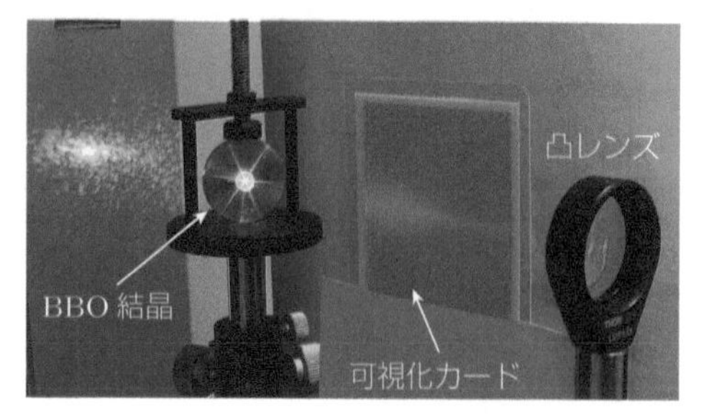

図 13.5　写真右端から入射した赤外パルスレーザー光（波長 1036 nm）を凸レンズで非線形光学結晶 (BBO) に集光すると強い緑色光が発生する．赤外光を可視化するために図 13.3 (a) と同種の可視化カードを光軸近くに置いている．

3 倍波（266 nm）などが，実験室でよく使われている．また，パルスが同期した 2 つの周波数の光が利用できるときには，和周波や差周波を発生させることで，周波数の範囲を拡大することが可能である．

図 13.5 に，モードロック・イッテルビウム・ファイバーレーザー（波長 1036 nm，パルス幅 150 fs）のパルスを非線形光学結晶 BBO（β-BaB_2O_4）に集光したときに発生する緑色の第 2 高調波を示す．左端のスクリーンに映っているのが高調波であるが，同じレーザーを連続発振で運転している場合は，光電場が弱いので高調波は発生せず，スクリーン上にはなにも見えない．

コラム 13.2 レーザーポインター

レーザー光線として実感できる最も身近なものは，プレゼンテーションによく使われているレーザーポインターではなかろうか．635～690 nm の赤色を発射するものが多いが，これは単に長波長の LD（レーザーダイオード）が安価で作りやすいからである．ヒトの目の感度がかなり落ちている波長領域（図 1.10 を参照）なので，決してよい選択とは言えない．

緑色光線を発射するものはやや高価ではあるが，視認性が高く実用的である．人体や眼に対してほぼ安全と規定されているレベル 1 のレーザーは出力が 1 mW に制限されているので，緑のほうが数倍明るく見えるものを販売できる．緑色レーザーポインターの多くは，LD の光を直接に使っているのではない．LD から出た近赤外光（800 nm 程度）で Nd^{3+} ドープ結晶を励起して 1,064 nm の赤外レーザー光を発生させ，これを共振器内に置かれた KTP ($KTiOPO_4$) などの非線形光学結晶を通すことで 2 倍高調波を発生させ，532 nm の緑色光を得るというしくみになっている（図 13.6）．これは原理的には 12.5.2 項で述べた大型の LD 励起 Nd-YAG レーザーと同じであるが，電源（乾電池）も含めてボールペンほどのスペースに収まっている．赤外光から可視光へ変換する過程では「非線形光学」も活用されている．

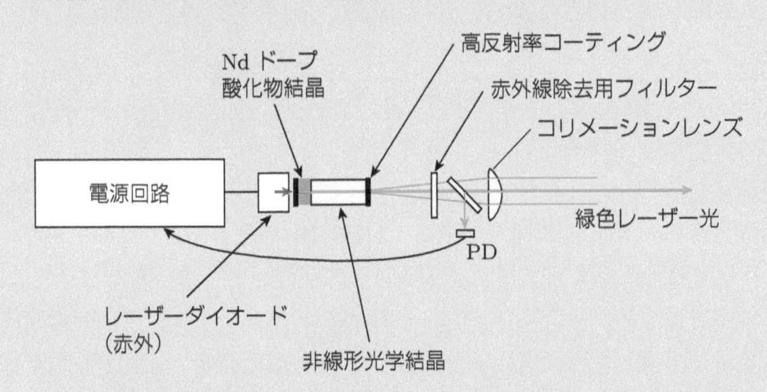

図 13.6　緑色レーザーポインターの構造の一例．レーザー発振用結晶，2 倍波発生用の非線形光学結晶，出力鏡が一体化されており，合計の長さは 2 mm 程度である．出力をフォトダイオード（PD）でモニターし，電源回路にフィードバックを掛けて出力を安定化している．

コラム 13.3 自由自在な波長変換

倍波を発生させる方法では，基本波の整数倍の周波数しか作れないので，光学測定に使用するには不便である．これを解決する 1 つの方法が，パラメトリック・ダウン・コンバージョンという手法である[3)]．これは，和周波の発生の逆プロセスを利用するものである．非常に強いポンプ光（ω_0）を非線形媒質に入れると，勝手にシグナル光（ω_s）とアイドラー光（ω_l）の 2 つのフォトンに分裂する現象（$\omega_0 \rightarrow \omega_s + \omega_l$）がある．このときにエネルギーの保存則を満たす必要はあるが，エネルギーの分配の比率は自由なので，スペクトル幅の広い光が出てくる．これをパラメトリック蛍光という．この「蛍光」を増幅作用に使ったレーザーが OPO（Optical Parametric Oscillator: 光パラメトリック発振器）であり，広範囲で波長を連続的に変えることができる．別に発生させた弱い白色光を切り出して単色にしたものを種光（シグナル光）とし，チタン・サファイアレーザーの増幅パルスをポンプ光として非線形光学結晶に入れて増幅させる OPA（Optical Parametric Amplifier: 光パラメトリック増幅器）の方式が広く使われている．さらに，これらの光の 2 倍波を取ったり，差周波を取ったりすることで，紫外 190 nm から中赤外 20 μm までの広い範囲で連続可変なコヒーレント光源が作られている．

13.4.2 自由電子レーザー

レーザー技術の動向として，短波長領域と長波長領域への展開について簡単に紹介しておこう．

波長が短いレーザーとしては，エキシマーレーザー（ArF で 193 nm）が有名であるが，もっと短い波長になると，励起状態の寿命が短くなるために反転分布を作るのが困難になり，レーザー発振させるのが難しい．金属（Ag など）ターゲットに高強度のレーザーパルスを当てて発生させたプラズマの中の多価イオンのエネルギー準位を使って，反転分布を作り，89 eV（波長 13.9 nm）でレーザー発振を起こさせる装置も開発された．しかし，非常に大型で使い方も難しく一般的とは言えない．

この状況を打破したのが，高次高調波の発生と自由電子レーザー（FEL）である．非線形光学現象は，分極を電場のベキで展開できるという前提で議論されていて，摂動の次数が上がれば，その効果は急速に弱くなるというものであった．ところが，1987年頃に米国とフランスのグループが，強力な短パルスレーザー光を貴ガス中に集光させると，元の光の振動数の数十倍にもおよぶ非常にエネルギーの高い（波長の短い）光が出てくることを発見した[3]．

これはレーザー光の強い電場によってはぎとられた電子が光電場で加速されることによって生じる現象で，高次高調波とよばれ，新しいレーザー光源の原理として注目を集めた．その後，駆動レーザー光などの高度化が進み，現在では「水の窓」よりもエネルギーの高い1 keVを超える所まで，ほぼ連続スペクトルの光が得られるようになった[4]．「水の窓」とは炭素の内殻遷移に起因するK吸収端（285 eV）と酸素のK吸収端（530 eV）の間の波長領域のことであり，生体物質（タンパク質）の主要構成元素である炭素に対しては不透明で，水に含まれる酸素に対しては透明な領域であることから，生体物質の観察に非常に有効であると考えられている．

もう1つの画期的な光源として自由電子レーザーがある[5]．固体や気体といった媒質を用いる一般的なレーザーと全く異なる発想に基づく自由電子レーザーが開発され，短波長領域で突破口が開かれた．線形加速器で発生した光速に近い速度で走る電子の軌道を磁場で曲げると，進行方向と垂直方向に加速度を生じるので，電子の進行方向に電磁波が放出される．そのスペクトルは遠赤外からX線まで広がっている．このような光源はシンクロトロン放射として知られ，現在では物理，化学，生物学，材料科学など広い分野で利用されているが，電子を長距離にわたって蛇行走行させることで，これをレーザー化したのが自由電子レーザーである．電磁波が発生するのは真空中なので，媒質に吸収される心配がなく，すべての波長が利用可能である．

日本ではSACLA XFEL（西播磨の理化学研究所施設）が2011年に活動を開始した．SACLA（SPring-8 Angstrom Compact Free Electron Laser）は全長700 mにも及ぶ巨大な装置で，20 keVまでの極めて強力なコヒーレントな光（軟X線，X線）パルス（10 fs）が得られる．これくらい高エネルギー領域になると，他に競合するレーザー技術はなく，FELの独壇場と言える．化学反応や，生体内反応における超高速現象の研究への貢献が期待されている．

13.4.3　テラヘルツ光とはなにか？

長波長領域での展開について簡単に紹介しておこう．12.8節で触れたテラヘルツ波の発生においても，非線形光学効果が利用されている．ここでは拡張性の高い差周波を用いる方法を紹介する．

超短パルス光は必然的にパルス幅の逆数程度の周波数幅をもっている．100 fs のパルスであれば，10 THz 程度のスペクトル幅をもつ．したがって非線形光学結晶を用いて，そこに含まれている 2 つのスペクトル成分の差周波をとれば，テラヘルツ領域の光を発生させることができる．パルスのスペクトルの中でその選び方は自由なので，非常に周波数の低い所まで連続的なスペクトルをもった「白色」の光源が実現できるのである．検出の方は，テラヘルツ波の電場によって結晶内に誘起された光学的異方性により偏光が回転する現象を近赤外のポンプ・プローブ法（12.8 節参照）により検出する．

コラム 13.4 透視検査

テラヘルツ光は，0.1～10 THz，波長にして 30～3,000 μm の領域の遠赤外光であり，布や紙，プラスチックなど有機物をよく透過する一方，金属や水などの物質は透過しないので，紙の箱や衣服の中に隠した拳銃や凶器などを透視し発見することができる[6]．図 13.7 は，封筒に入っているカードに貼り付けた図柄を透視した例である．また分子の振動や回転に起因する物質特有の吸収スペクトルが測定できるため，麻薬などの特定の物質の有無を判定することができる．空港での手荷物検査では X 線が使用されているが，放

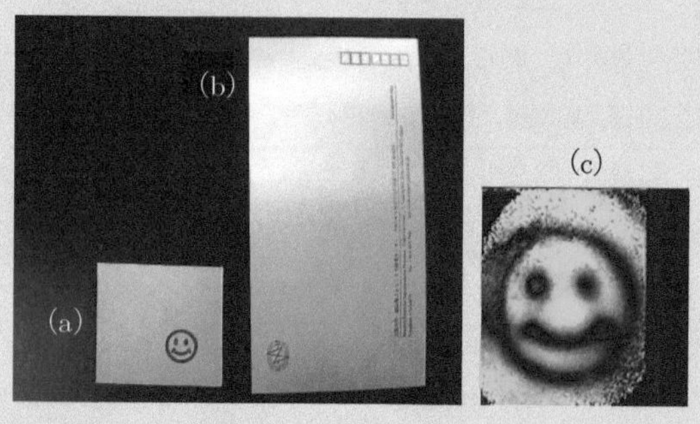

図 13.7　テラヘルツ光による「異物」の透視．スマイルマークの形に切り抜かれた PET（ポリエチレンテレフタレート）のシートを貼り付けた紙（a）が封筒（b）の中に入っている．PET 自体は透明であるが，表面に黒い紙を貼り付けてあるので，（a）では黒く写っている．封筒の外からはなにが入っているかわからないが，封筒を透過したテラヘルツ光を可視化することにより，（c）のようにマークを見ることができる（北原英明氏（福井大学）提供による）．

射線は人体にとって極めて有害であるため，使うことはできない．一方，テラヘルツ光ははるかに安全であるため，持ち物検査にも利用が可能である．ただし，衣服を透過してしまう点が逆に問題になり，実際の利用には限界がある．

第 12 章と 13 章で述べたレーザーをベースとした光源の波長領域をまとめると，図 13.8 のようになり，可視領域の両側に広がる非常に広い範囲をカバーしていることがわかるであろう．ただし，スペクトル純度や強度，パルス幅の問題もあるので，他のさまざまな光源も必要性がなくなったわけではない．

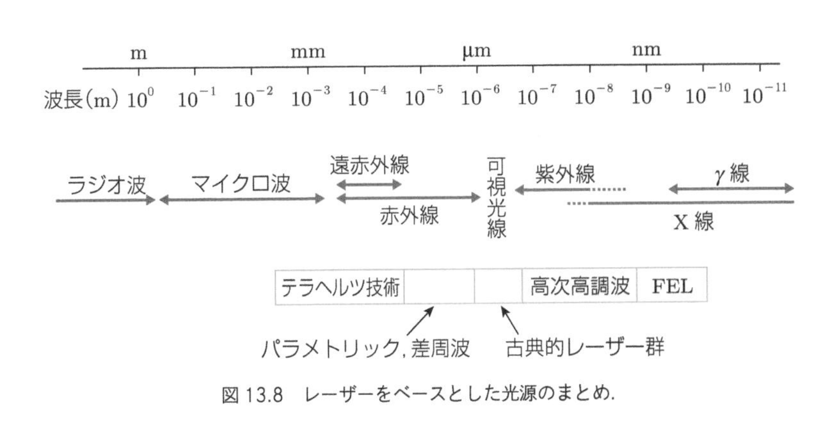

図 13.8　レーザーをベースとした光源のまとめ．

おわりに

本書は“色と光の科学”を主題に，「物理と化学の視点に立って物質の色の起源を解き明かす」ことを目的として出版した本です．理系の教員や学生のみならず，身の回りの色の起源と光に関心のある文科系の学生や社会人までを対象にしているため，数式はできるだけ控えましたが，理解するための論理は理系・文系の境はありません．

それは，自然科学を理解する論理は，分野を超えて共通しているからです．

筆者の二人は，学生時代を京都大学理学部で過ごしましたが，当時は大学紛争の時代であり，理学部では大きな教育改革が行われました．専門課程では，進学振分け試験が廃止され，どの学科にも自由に進学できる教育システムとなりました．筆者は，このような教育環境の下で，光物性科学に興味を持ち，物理学や化学を中心に学ぶことができました．その後，互いに東京大学を定年退職した後，公益財団法人・豊田理化学研究所でフェローとして再会しましたが，光物性科学を専門とする立場から，本書『色と光の科学－物理と化学で読み解く色彩の起源』の構想が出来上がりました．

また筆者の一人は，東京大学が社会人を対象とした「東京大学エグゼクティブ・マネジメント・プログラム（EMP)」（東京大学が新たな時代に向けたリベラルアーツの講義）で「物質の色の起源とその応用の最前線」を 8 年間担当しましたが，EMP での講義内容が本書の一部になっています．

13 章で構成している本書は，物理と化学の両方の視点に立って物質の色の起源を解き明かすことを目的としています．各章には多くの「コラム」を設けましたが，これまで疑問に思っていたさまざまな身の回りの現象を理解する一助になれば幸いです．感動して納得した理解は決して忘れることはなく，それらの知識は互いに繋がり，やがて線や面となって思考回路の糧になって行くことでしょう．本書で学んだ知識が，各自の人生において，さまざまな問題を解決し，発展させる時のバックグラウンドになることを願っています．

2023 年 10 月

小島憲道，末元徹

引用文献・参考文献

第 1 章
1)『宇宙論 I －シリーズ現代の天文学 第 2 巻』佐藤勝彦・二間瀬敏史（編）（日本評論社，2012）
第 3 章.
2) Y. Ohtomo, T. Kakegawa, et al., Nature Geoscience, 7, 25 (2014).
3)『実験物理の歴史』奥田毅（内田老鶴圃，1975），pp.142-149.
4)『化学領土の開拓者たち』植村琢（朝倉書店，1976），pp.53-75.
5)『化学領土の開拓者たち』植村琢（朝倉書店，1976），pp.406-410.
6)『化学領土の開拓者たち』植村琢（朝倉書店，1976），pp.160-168.
7)『光と人間』大石正（朝倉書店，1999），第 2 章.
8) "The Physics and Chemistry of Color: The fifteen Causes of Color," K. Nassau (John Wiley & Sons, 1983), p.15.
9)『標準生理学 第 4 版』本郷利憲・廣重力・豊田順一・熊田衛（編）（医学書院，1996），pp.243-259.
10)『化学領土の開拓者たち』植村琢（朝倉書店，1976），pp.142-150.
11) "The Physics and Chemistry of Color: The fifteen Causes of Color," K. Nassau (John Wiley & Sons, 1983), pp.339-346.
参考文献
『眼の誕生』アンドリュー・パーカー，渡辺政隆・今西康子（訳）（草思社，2006).
『光と色彩の科学』齋藤勝裕（講談社，2010).
『身の回りの光と色』加藤俊二（裳華房，1993).
『視覚のメカニズム』前田章夫（裳華房，1996).

第 2 章
1) K.J. Kelly, J. Optical Soc. America, 33, 627 (1943).
2) "The Physics and Chemistry of Color: The fifteen Causes of Color," K. Nassau (John Wiley & Sons, 1983), p.149.
3)『色の知識』城一夫（青幻舎，2010), p.189.
4)『色の知識』城一夫（青幻舎，2010), p.188.
5)『陶磁器の道－文禄・慶長の役と朝鮮陶工』李義則（新幹社，2010），第 1 章.
6)『いきの構造』九鬼周造（岩波文庫，1979).
7)『色を奏でる』志村ふくみ（ちくま文庫，1998).
8)『化学領土の開拓者たち』植村琢（朝倉書店，1976），pp.185-193.
9)『新編　色彩科学ハンドブック』日本色彩科学（編）（東京大学出版会，2003），p.547.
図 2.2　Wikipedia commons
参考文献
『青の美術史』小林康夫（平凡社ライブラリー，2003).
『色彩』フランソワ・ドラマール，ベルナール・ギノー，柏木博（監修），ヘレンハルメ美穂（訳）（創元社，2007).
『身の回りの光と色』加藤俊二（裳華房，1993).

第 3 章
1) H. Rubens, F. Kurlbaum, Annalen der Physik, Lpz., 4, 649 (1901).
2) M. Planck, Verhandlungen der Deutschen Physikalischen Gesellschaft, 2, 202 (1900).
3) G. Gamow, Phys. Rev., 74, 505 (1948), Nature, 162, 680 (1948).
4) A.A. Penzias, R.W. Wilson, Astrophysical Journal, 142, 419 (1965).
5)『大百科事典』（平凡社，1985），pp.9-123.

6) “The Physics and Chemistry of Color: The fifteen Causes of Color,” K. Nassau (John Wiley & Sons, 1983), p.36.
7)『発光材料の基礎と新しい展開－固体照明・ディスプレイ材料－』金光義彦，岡本信治（オーム社，2008 年），第 6 章.
8) 高原淳一，上羽陽介，永妻忠夫，光学 , 39, 482 (2010).

第 4 章
1)『色彩論』教示編　ゲーテ，木村直司（訳）（ちくま学芸文庫，2001).
2) “The Physics and Chemistry of Color: The fifteen Causes of Color,” K. Nassau (John Wiley & Sons, 1983), p.221.
3) “The Physics and Chemistry of Color: The fifteen Causes of Color, 2nd Edition,” K. Nassau (John Wiley & Sons, 2001), p.444.
4) W. Haidinger, Annalen der Physik und Chemie, BAND LXIIL, p.29 (Leibzig, 1844).
5) “Color for Science, Art and Technology,” K. Nassau (Ed.), (North-Holland, 1998), p.100.
6) G. Mie, Annalen der Physik, 25, 376 (1908).
7) D.W. Olson, R.L. Doescher, M.S. Olson, Sky & Telescope, 107, 28 (2004).
8) A.A. Michelson, Philosophical Magazine, 21, 554 (1911).
9)『生物ナノフォトニクス－構造色入門』木下修一（朝倉書店，2010).

第 5 章
1) “The Physics and Chemistry of Color: The fifteen Causes of Color,” K. Nassau (John Wiley & Sons, 1983), pp.56-57.
2) E.Hubble, Proc. of the National Academy of Sciences, 15, 168 (1929).

第 6 章
1)『私の歩んだ道－ノーベル化学賞の発想』白川英樹（朝日選書，2001).
2)『有機導電体の化学』斎藤軍治（丸善，2006).
3) 田仲二郎，化学教育，28, 257 (1980).

第 7 章
1) S. Sugano, Y. Tanabe, J. Phys. Soc. Japan, 13, 880 (1958).
2) T.H. Maiman, Nature, 187, 493 (1960).
3) R. Tsuchida, Bull. Chem. Soc. Japan, 13, 388 (1938).
4) O. Sato, Y. Einaga, T. Iyoda, A. Fujishima, K. Hashimoto, J. Electrochem., 144, L11 (1997).
5) “Spectra and Energy Levels of Rare Earth Ions in Crystals,” G.H. Dieke (Interscience Publishers, 1968), p.142.

第 8 章
1) P. Pyykkö, Chemical Reviews, 88, 563 (1988).
2) “Solid State Physics,” G. Burns (Academic Press, 1985), p.166.
3) H.P. Maruska and W.C. Rhines, Solid-State Electronics, 111, 32 (2015).

第 9 章
1) 上田正康，色中心研究の歩み，日本物理学会誌，29, 594 (1974).
2) “The Physics and Chemistry of Color: The fifteen Causes of Color,” K. Nassau (John Wiley & Sons, 1983), pp.172-175.
3) Y. Sekiguchi, K. Matsushita, Y. Kawasaki, H. Kosaka, Nature Photonics, 16, 662 (2022).
4)『酸化と還元』曽根興三（培風館，1978), pp.73-80.
5)『ガラスの物理』D.G. Holloway，大井喜久夫（訳）（共立出版，1977).
6) “The Physics and Chemistry of Color: The fifteen Causes of Color,” K. Nassau (John

Wiley & Sons, 1983), pp.310-311.
7) J. Turkevich, et al., J. Colloid Science, 9, suppl. 1, 26 (1954).
8) L.T. Canham, Applied Phys. Lett., 57, 1046 (1990).
9) "Light Emitting Silicon for Microphotonics," S. Ossicini, L. Pavesi, F. Priolo (Springer, 2003).
10) Z. Luo, D. Xu, S.-T. Wu, J. Display Technology, 10, 526 (2014).

第 10 章
1) F. Reinitzer, Monatschefte für Chemie, 9, 421 (1888).
2) J.L. Fergason, Molecular Crystals, 1, 293 (1966).
3) C. Reichardt, Chem. Rev., 94, 2319 (1994).
4) M. Saito, K. Taniguchi, T. Arima, J. Phys. Soc. Japan, 77, 013705 (2008).

第 11 章
1) F. Jelezko, J. Wrachtrup, Phys. Stat. Sol. (a), 203, 3207 (2006).
2)『光る生物の話』下村脩（朝日新聞出版社，2014).
3) A.L. Schawlow, D.L. Wood, A.M. Clogston, Phys. Rev. Lett., 3, 271 (1959).
4) C.W. Tang, S.A. VanSlyke, Appl. Phys. Lett., 51, 913 (1987).

第 12 章
1) T.H. Maiman, Nature, 187, 493 (1960).
2) A. Javan, W.R. Bennett, Jr., D.R. Herriott, Phys. Rev. Lett., 6, 106 (1961).
3) J.E. Geusic, H.M. Marcos, L.G. Van Uitert, Appl. Phys. Lett., 4, 182 (1964).
4) B.P. Abbott, et al., Phys. Rev. Lett., 116, 061102 (2016).
5) P.F. Moulton, J. Opt. Soc. Am., B, 3, 125 (1986).
6) A. H. Zewail, J. Phys. Chem. A, 104, 5660 (2000).
7) H. Kandori, Y. Furutani, S. Nishimura, Y. Shichida, H. Chosrowjan, Y. Shibata, N. Mataga, Chem. Phys. Lett., 334, 271 (2001).
8)『テラヘルツ技術総覧』テラヘルツテクノロジーフォーラム（編）（エヌシーティー，2007）第 1, 3, 4 章.
9) A. Ashkin, Phys. Rev. Lett., 24, 156 (1970).
参考文献
『レーザー物理入門』霜田光一（岩波書店，1983)，第 5 章.
『レーザーハンドブック 第 2 版』レーザー学会（編）（オーム社，2005).
『光ファイバと光ファイバ増幅器』須藤昭一，他（共立出版，2006).
『テラヘルツ技術』斗内政吉（監修)，テラヘルツテクノロジー動向調査委員会（編）（オーム社，2006).

第 13 章
1)『実験物理の歴史』奥田毅（内田老鶴圃，1975)，pp.239-240.
2) "Magneto Optics," S. Sugano, N. Kojima (Eds.) (Springer, 2000), pp.28-30.
3)『レーザーハンドブック 第 2 版』レーザー学会（編）（オーム社，2005)，第 8 章.
4) T. Popmintchev, et al.. Science, 336, 1287 (2012).
5) B. W. J. McNeil, N. R. Thompson, Nature Photonics, 4, 814 (2010).
6)『テラヘルツ技術総覧』テラヘルツテクノロジーフォーラム（編）（エヌジーティー，2007）第 9 章.

和文索引

欧数字索引

著者紹介

小島憲道（こじまのりみち）（理学博士）

東京大学名誉教授．東京大学教養学部長，副学長，公益財団法人豊田理化学研究所フェローを歴任．専門は分子集合体の物性科学．

末元 徹（すえもと とおる）（理学博士）

東京大学名誉教授，電気通信大学客員研究員．公益財団法人豊田理化学研究所フェローを歴任．専門は物性光科学，超高速分光．

NDC430　191p　21cm

色と光の科学（いろとひかりのかがく）　**物理と化学で読み解く色彩の起源**

2023年10月31日　第1刷発行
2024年 2 月16日　第2刷発行

著　者　小島憲道・末元 徹

発行者　森田浩章

発行所　株式会社 講談社
〒112-8001　東京都文京区音羽2-12-21
販売　(03) 5395-4415
業務　(03) 5395-3615

KODANSHA

編　集　株式会社 講談社サイエンティフィク
代表　堀越俊一
〒162-0825　東京都新宿区神楽坂2-14　ノービィビル
編集　(03) 3235-3701

本文データ制作　株式会社 双文社印刷

印刷・製本　株式会社 ＫＰＳプロダクツ

ISBN978-4-06-533473-7